“一带一路”倡议下
生态文明建设的探索与实践

李　欣◎著

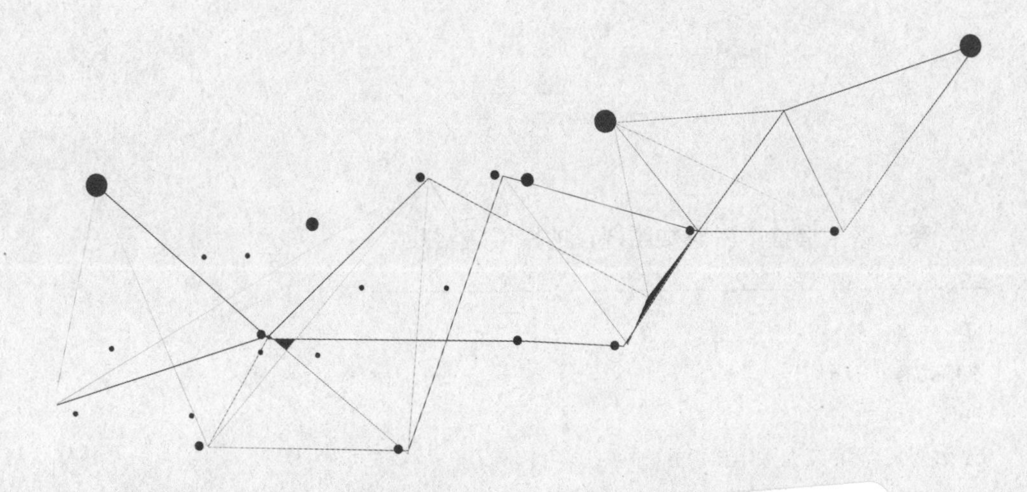

北京工业大学出版社

图书在版编目（CIP）数据

“一带一路”倡议下生态文明建设的探索与实践 / 李欣著. — 北京：北京工业大学出版社，2018.12（2021.5重印）
ISBN 978-7-5639-6496-3

Ⅰ. ①一… Ⅱ. ①李… Ⅲ. ①生态环境建设—研究—中国 Ⅳ. ①X321.2

中国版本图书馆CIP数据核字(2019)第021897号

“一带一路”倡议下生态文明建设的探索与实践

著　　者：李　欣
责任编辑：刘子阳
封面设计：优盛文化
出版发行：北京工业大学出版社
（北京市朝阳区平乐园100号　邮编：100124）
010-67391722（传真）　bgdcbs@sina.com
经销单位：全国各地新华书店
承印单位：三河市明华印务有限公司
开　　本：710毫米×1000毫米　1/16
印　　张：12.75
字　　数：200千字
版　　次：2018年12月第1版
印　　次：2021年5月第2次印刷
标准书号：ISBN 978-7-5639-6496-3
定　　价：59.80元

内容简介

“一带一路”倡议是党中央、国务院根据全球形势深刻变化，统筹国际、国内两个大局做出的重大战略决策，对于开创我国全方位对外开放新格局，推进中华民族伟大复兴进程，促进世界和平发展，具有划时代的重大意义。与此同时，“一带一路”背景下的生态文明建设也成了重大且前沿的理论课题。本书从基础理论入手，分析“一带一路”倡议、生态文明建设相关理论以及两者之间的协同发展，总结国内外生态文明建设的实践与经验，并选取四川省作为案例进行分析，提出“一带一路”倡议下四川省生态文明建设的路径。

前　言

经过原始文明、农业文明和工业文明的洗礼，人类社会得到了巨大进步。但与此同时，人口增长过快、生物多样性减弱、自然资源枯竭、生态环境恶化、耕地减少、能源短缺等危机也困扰着人类文明的延续和发展。目前，我国已进入工业化、城镇化快速发展的阶段。长期以来，我国经济增长方式粗放，能源资源消耗过快，而生态环境恶化趋势仍未得到有效遏制，生态系统整体功能下降，抵御各种自然灾害的能力减弱，传统的高消耗、高排放、低效率的粗放型增长方式仍未转变，资源、能源利用率低，对我国的生态环境造成了巨大压力。

为此，党的十七大报告明确提出，要“建设生态文明，基本形成节约能源资源和保护生态环境的产业结构、增长方式、消费模式”，使“生态文明观念在全社会牢固树立”。生态文明作为全面建设小康社会的奋斗目标首次写入党的政治报告，这是我国对社会主义现代化建设的新认识、新探索。党的十八大把生态文明建设纳入中国特色社会主义事业“五位一体”的总体布局，提出建设“美丽中国”的全新理念，描绘了生态文明建设的美好前景。党的十九大报告明确指出，我们要建设的现代化是人与自然和谐共生的现代化，既要创造更多物质财富和精神财富以满足人民日益增长的美好生活需要，也要提供更多优质生态产品以满足人民日益增长的优美生态环境需要。可以说，十九大报告为未来中国的生态文明建设和绿色发展指明了方向、规划了路线。

共建“丝绸之路经济带”和“21 世纪海上丝绸之路”（以下简称“一带一路”），是我国提出的主动影响国际秩序的经济一体化倡议，具有构建中国全方位对外开放新格局、拓展区域发展新空间、促进地区及世界和平发展等多重意义，已成为我国对外交往、国内区域发展、对外开放等领域备受关注的研究热点、规划热点和理论热点。因此，本书立足于该背景，对生态文明建设的相关问题进行研究和探讨具有极大的现实意义和社会意义。

本书共分为两大部分，第一部分是基础理论研讨，解读了“一带一路”倡议，阐述了生态文明建设的基本理论，分析了“一带一路”建设与生态文明建设的协同发展，总结了国内外生态文明建设的实践与经验，并从我国生态文明制度建设、生态治理制度体系的改革与完善、生态治理方式的转变与改革三个方面论述了生态文明制度体系建设。第二部分为实际案例解析，以四川省作为分析对象，首先介绍了四川省生态文明建设的现状、内涵与特征，分析了“一带一路”背景下四川省生态文明建设的优势与劣势；其次探讨了四川省生态文明建设的评价指标体系；最后提出了“一带一路”倡议下四川省生态文明建设的路径。

作者在写作本书过程中，参阅了大量的文献资料，限于篇幅，未能一一列举，在此一并表示衷心感谢。另外，由于作者经验和水平有限，本书难免存在一些不足和疏漏之处，欢迎广大读者朋友提出宝贵意见！

李　欣

2018 年 5 月

目 录

上篇：基础理论研讨

上篇：基础理论研讨

第一章 “一带一路”倡议概述

第一节 “一带一路”倡议提出的背景

古丝绸之路，无论陆路还是海路，均是古代东西方之间经济、政治、文化交流的主要通道，对推动人类文明进步产生了深远影响。以古丝绸之路为桥梁，中国与中亚、西亚、东南亚、南亚、欧洲、北非等地区建立起了密切的商贸联系，促进了东西方的文化交流和生产力发展，成为亚欧大陆文明交流的典范，并在当代对亚欧国家的经贸合作仍具有现实而深刻的重大影响。由于丝绸之路沿线地区具有重要的区位优势、丰富的自然资源和广阔的发展前景，相关大国近年来纷纷提出了针对这一区域的战略构想。我国政府也在长期酝酿有关的区域发展战略——20 世纪 90 年代启动了西部大开发战略，2007 年欧亚经济论坛提出丝绸之路复兴计划，《中共中央关于制定国民经济和社会发展“九五”计划和 2010 年远景目标的建议》提到形成以亚欧大陆桥为纽带的经济带。

进入 21 世纪以来，在第二条亚欧大陆桥正常运营的基础上，中哈第二条过境铁路投入使用，丝绸之路复兴项目、中吉乌铁路、中国—欧洲西部公路建设加快推进，中国大规模援建和参建印度洋、地中海沿岸各国海港及港口工业园区、交通设施等亦取得显著进展，中国与丝绸之路陆、海路沿线国家的交通联系日益紧密，古老的丝绸之路焕发出勃勃生机。

在增进交通联系的同时，丝绸之路沿线国家的区域合作和多、双边对话机制也不断加强。由中国、俄罗斯、哈萨克斯坦、乌兹别克斯坦、吉尔吉斯斯坦、塔吉克斯坦等 6 个成员国组成的上海合作组织自 1996 年 4 月成立以来，不断加强成员间全方位合作，在相关各领域取得了长足进展，还吸纳印度、伊朗、巴基斯坦、阿富汗、蒙古5国成为观察员国，土耳其、斯里兰卡和白俄罗斯3国成为对话伙伴国。1996年3月成立的欧亚经济共同体，拥有俄罗斯、白俄罗斯、哈萨克斯坦、吉尔吉斯斯坦和塔吉克斯坦5个成员国和亚美尼亚、乌克兰、摩尔多瓦3个观察员国。由中国与东南亚国家联盟（东盟）即印度尼西亚、马来西亚、菲律宾、新加坡、泰国、文莱、越南、老挝、缅甸和柬埔寨10国共同组建的中国—东盟自由贸易区，是目前世界上涵盖人口最多，也是发展中国家组建的最大的自贸区，自建成后有力地推动了中国与东南亚国家间的经贸合作与经济共同繁荣。2005年，中国成为由不丹、孟加拉国、印度、马尔代夫、斯里兰卡、尼泊尔、巴基斯坦和阿富汗8国组建的南亚区域合作联盟（南盟）的观察员国。此外，中国还与拥有22个成员国的阿拉伯国家联盟（阿盟）建立了中阿合作论坛，与50个非洲国家建立了中非合作论坛，与16个中东欧国家建立了中国与中东欧国家领导人会晤机制等多、双边对话机制。上述多个区域合作组织和欧亚国家对话机制的成员国、观察员国、对话伙伴国，大多位于古丝绸之路陆、海路沿线，这为推进区域经济合作、密切亚欧国家经济联系、进一步提升发展空间奠定了基础。

中国作为古丝绸之路陆、海路的起点和主要国家，在与亚欧国家合作日益密切的背景下，有必要也有可能通过共建新陆、海丝绸之路经济带的形式进一步加强区域经济合作，将东端活跃的亚太经济圈与西端发达的欧洲经济圈连接成为"世界上最长、最具有发展潜力的经济大走廊"。与此同时，共建新陆、海丝绸之路经济带还将加大中国向西开放力度，带动中西部地区发展，推动我国过剩产能、优势产业、资金、人员、技术、产品"走出去"，促进我国经济结构调整和产业升级转型。因此，强化区域平衡发展与对外开放，"形成横贯东中西、联结南北方对外经济走廊"，就必须通过政治、经济、外交等多重手段推进新时代陆、海丝绸之路建设，形成全方位开放新格局。而且随着国际形势日益严峻、经济社会日益复杂、改革开放步入攻坚破难阶段，边疆稳定及国土、能源、经济安全等非传统安全问题日益凸显。全力打开陆上和海上战略大通道，就需要将新陆、海丝绸之路经济带战略融入"中国经济升级版"和安全战略升级版中，谋划全局性国家重大经济战略和全新性国家安全战略体系。

第二节 “一带一路”倡议的内涵

“一带一路”是以古丝绸之路为文化象征，以上海合作组织和欧亚经济共同体为主要合作平台，以立体综合交通运输网络为纽带，以沿线城市群和中心城市为支点，以跨国贸易投资自由化和生产要素优化配置为动力，以区域发展规划和发展战略为基础，以货币自由兑换和人民友好往来为保障，以实现各国互利共赢和亚欧大陆经济一体化为目标的带状经济合作区。可以被看作在古代丝绸之路概念基础上形成的当代经贸合作的升级版，将古丝绸之路商贸与文化交流的作用提升为当代经贸合作与人文交流两大支柱。

其中，经贸合作支柱是“一带一路”建设的硬因素，应由历史上的商贸往来拓展为贸易、投资和贸易投资便利化三大合作方向。一是加强贸易畅通。丝绸之路经济带总人口近 30 亿，市场规模和潜力独一无二，各国在贸易和投资领域合作潜力巨大。二是扩大相互投资。“一带一路”将突出投资引领合作并带动贸易发展的作用，充实合作内容，提升合作水平，实现共同发展。三是推动区域贸易投资便利化。各方应该就贸易和投资便利化问题进行探讨并做出适当安排，消除贸易壁垒，降低贸易和投资成本，提高区域经济循环速度和质量，实现互利共赢。

人文交流支柱是“一带一路”建设的软因素，它由以往的民间交流提升为政府与民间两个层次。一是政府层面，即加强政策沟通。各国应就经济发展战略和对策进行充分交流，本着求同存异原则，协商制定推进区域合作的规划和措施，在政策和法律上为区域经济融合“开绿灯”。二是扩大民间往来，即加强民心相通，为开展区域合作奠定坚实的民意基础和社会基础。

上述两大支柱应有机结合，人文交流为经贸合作提供保障，经贸合作又为人文交流提供支撑，两者互为因果、互为前提、相互促进，共同支撑“一带一路”区域合作的协调发展。

总体看，“一带一路”建设是党中央统揽政治、经济、文化、外交和社会发展全局，着眼于实现中华民族伟大复兴“中国梦”做出的一个重大战略决策，体现了新形势下我国对外开放新布局，翻开了我国全方位对外开放战略的新篇章，彰显了我国加强与周边“亲诚惠容”外交的新理念，为加强区域合作提供了新平台，为中西部地区发展提供了新机遇，必将对我国乃至世界未来发展格局产生重大而深远的影响。从外部看，"一带一路"涵盖了我国与欧亚的大部分国家和地区；从内部看，"一带一路"涵盖了我国中西部和沿海省区市。陆上的"丝绸之路经济带"与"21世纪海上丝绸之路"将我国与南亚地区、东南亚地区、西亚地区和非洲东部印度洋沿岸国家联系贯通，这些区域资源丰富、市场广阔，人口数量、市场规模和潜力独一无二。实施"一带一路"建设，有利于促进我国与沿线国家要素有序自由流动、资源高效配置、市场深度融合，形成我国海陆统筹、东西互济的全方位开放新格局。

此外，"一带一路"建设将加快区域经济一体化。"一带一路"倡议将东亚、东南亚、西亚、南亚、中亚、欧洲南部、非洲东部的广大地区有机联系在了一起，构成了一个规模庞大的区域性市场。对于我国而言，"一带一路"建设寄托着多层次的区域合作愿景。2013年10月24日，中共中央总书记、国家主席、中央军委主席习近平在周边外交工作座谈会上发表重要讲话指出："要以周边为基础加快实施自由贸易区战略，扩大贸易、投资合作空间，构建区域经济一体化新格局。"为推动"一带一路"建设，中国商务部早在2013年年末就提出了用好自贸区这一区域合作平台，加快沿线地区自贸区建设，特别要积极打造中国—东盟自贸区升级版的目标构想，即以周边为基础加快实施自由贸易区战略，改革市场准入等管理体制，加快投资保护等新议题谈判，形成面向全球的高标准自由贸易区网络。国内沿线省份也积极参与其中，在相关部门就"一带一路"建设征求意见时，新疆、宁夏分别提出了建设中国—中亚自由贸易区和中国—海合会自贸区先行区的设想。

众所周知，自贸区产生的一个重要原因是世界贸易组织（WTO）所代表的全球多边贸易体系进展缓慢，而建设自贸区能够在较短时间内取得较大进展。作为仅次于美国的全球第二大经济体，中国着力继续推动实施对外开放战略。为此，中国有必要以"一带一路"沿线国家为合作对象，实施国家自贸区战略，以带状经济、走廊经济、贸易便利化、技术援助、经济援助、经济一体化等各种可供选择的方式与沿线国家共同推进欧亚区域经贸发展，建设我国基于"轮轴—辐条"结构的全面开放的自贸区体系，使欧亚各国经济联系更加紧密，相互合作更加深入，发展空间更加广阔。

继中国梦、亚洲梦之后，习近平主席在2014年11月出席2014年亚太经合组织（APEC）工商领导人峰会时，又从容提出了"亚太梦"——中国将集中精力做好自己的事情，也要努力使自身发展更好地惠及亚太和世界。中国将奉行与邻为善、以邻为伴的周边外交方针和睦邻、富邻、安邻的周边外交政策，贯彻"亲诚惠容"的周边外交理念，愿意同所有邻国和睦相处。因为，随着综合国力的上升，中国有能力、有意愿向亚太和全球提供更多公共产品，特别是为促进区域合作深入发展提出新倡议、新设想。因此，中国愿意同各国一道推进“一带一路”建设，更加深入参与区域合作进程，为亚太互联互通、发展繁荣做出新贡献。

第三节 “一带一路”倡议的意义与目标

习近平主席提出的构建“丝绸之路经济带”的倡议，以及建设“21 世纪海上丝绸之路”的建议，受到了国内外的高度重视。不仅“一带一路”沿途的国家纷纷表态支持，国内各省市更是积极行动起来，可见其战略意义之深远，不仅为中国新一轮对外开放注入了新的内容，同时也为内陆和沿海经济发展及对外开放指明了方向。

习近平主席提出“一带一路”的倡议，不仅明确了对外开放的新路径，同时将成为中国经济新的增长点。与亚欧国家共建“一带一路”，虽然目标以经贸合作发展为主，但事关国防、经贸、能源、边疆等重要领域的全局性国家安全问题，具有极大的战略意义。

一、巩固中国同中亚和东南亚的合作基础

在整个“丝绸之路经济带”的版图上，中亚地区是关键纽带；中亚地区的地缘政治格局，深刻地影响中国的国家利益。中国与中亚地区具有地理上的紧密联系，共享 3000 多千米的国境线，仅与哈萨克斯坦就有长达 1700 千米的国境线。特别是中国新疆地区与中亚毗邻，在安全、经贸、宗教等方面，受到中亚地区及周边国家的极大影响。从地区稳定结构来看，各种国际力量都在试图影响中亚地区。

“一带一路”的核心理念是加强同中亚和东南亚国家的经贸合作，中国同中亚及东南亚各国历史上有着共同的发展经历，文化相通，合作基础坚固。中国新一轮的改革开放举措有利于通过共建“一带一路”形成对外开放新的增长点，其关键在于处理好中国与中亚及东南亚国家的关系，发挥好上海合作组织和中国—东盟自贸区在推动诸边合作中的积极作用，加强互联互通、优势互补、共同发展、共同受益，打造好同西部邻邦及东南亚邻国的友好合作关系。此外，“一带一路”将欧亚地区国家普遍认同的陆、海古丝绸之路精神与中国的经济优势相结合，以经济为纽带，拓展并深化中国在周边和丝绸之路沿线国家的经济影响力，密切彼此的合作关系，从而改善我国的地缘政治形势，缓解外部压力，形成于我国有利的地缘政治和地缘经济格局。

二、逐步形成两个辐射作用

"一带一路"以中国加强与周边国家的合作为基础，可以逐步形成连接东欧、西亚和东南亚的交通运输网络，为相关国家经济发展和人员往来提供便利。"21 世纪海上丝绸之路"不仅可以巩固和发展我国同东南亚国家的经贸关系，同时可以逐步辐射到南亚和非洲等地区，扩大中国的影响力。共建"丝绸之路经济带"的倡议之所以深受中亚各国的欢迎和赞同，是因为在已有上海合作组织框架下，加快推进丝绸之路经济带建设具有良好的基础，其振兴势必会形成对阿拉伯和东欧国家的辐射作用，有利于新的欧亚商贸通道和经济发展带的形成。"一带一路"为欧亚地区国家参与广泛的区域经济合作提供了一个新契机和重要平台，也为我国提升在全球经济合作中的话语权开了先河，从而有助于确立我国在世界经济新格局中的地位。

三、维护中国国家安全

随着经济快速发展和国力与日俱增，中国的贸易纠纷与地区纷争也随之增多，中国崛起的地缘政治和战略格局也不断变化。一方面，国家利益不可避免地需要向海外拓展，对全球资源与贸易的依赖不断加强；另一方面，中国在全球的影响力日益增强，引起东亚及全球力量格局发生变化，与中国有关的地区纷争将快速增加。以美国为代表的西方强国，以印度、菲律宾为代表的陆海邻国，都在合作与竞争中对中国崛起高度警惕，甚至进行战略围堵，形成沿海战略包围图。面对上述国家安全形势，唯有加强与周边国家的互利共赢合作，共享经济繁荣与和平发展，才能有效解除其对我国国力增长的恐惧和疑虑，去除域外大国对我国围堵、对周边地区实施干涉的着力点。

同时，国家战略安全，不仅包括存在潜在军事冲突威胁的传统安全，也包括逐渐突出的非传统安全隐患。例如，可能面临针对贸易、粮食、能源、民族、反恐等关键物资和敏感问题进行的贸易禁运。尤其是近几年来，中国的能源安全局势非常严峻。首先，供求失衡愈发严重。2012 年，中国石油对外依存度已经达到 58%；按照国际原子能机构的预测，2020 年中国石油对外依存度将达到 68%，且目前国家原油储备不够，储备体制不健全。其次，来源区过于集中。中国原油进口 70% 以上来自政治局势较为动荡的中东和非洲地区。最后，运输线路单一。原油进口线路主要依靠海上运输，有 80% 通过印度洋—马六甲海峡线路，形成所谓"马六甲困局"，严重影响国家能源安全，亟须打通"南下"东南亚和"西进"中亚地区的陆路通道。开发中亚地区，尤其是里海地区，有助于原油供应来源多元化，并可通过中亚及印度洋沿岸国家陆路连接中东，获取石油，减少对马六甲海峡的依赖。同时跟随“21 世纪海上丝绸之路”的发展与推进，中国保护海上贸易与能源运输通道的资源与力量，也将深入大洋，获得实质性的增强与提高。

四、带动中国中西部地区加快改革开放和提高城镇化水平

改革开放以来，中国东部沿海地区已经成为支撑国民经济全局的生产力布局战略重心区。经济集聚于沿海地区，强化了对海路通道的过度依赖。要减少对海洋通道的过度依赖，就必须实现区域经济的平衡发展。要实现区域经济的平衡发展，就必须实现陆路通道的便利快捷：向西开放和向西发展，推进中国西进战略，大力拓展南到东亚、西到中亚的陆路通道，尤其是向西开放、途径中亚的亚欧大陆桥陆路大通道。

中国改革开放的实践表明，开放所到之处，经济即进入活跃发展阶段。西部大开发和中部崛起的格局形成于 2000 年之后，同东部沿海相比起步较晚，必须加快对外开放。十八届三中全会提出的推动内陆沿边开放的要求，有针对性地提出了新的重要内容，只要加快推动和落实，将进一步激活内陆和沿边地区的经济发展活力，结合我国周边外交的发展重点，通过开放实现体制和机制的创新，全面提升内陆和沿边开放型经济水平。建设丝绸之路经济带可以成为扩大中西部开放、打造中西部经济升级版的主引擎，将有利于提高我国开放型经济的整体发展水平，带动中西部地区对外开放，促进国际国内要素有序自由流动、资源高效配置、市场深度融合，优化国内区域经济布局，实现各地区经济的协调发展。同时，也可为我国经济的可持续发展提供资源、技术和市场支撑，为保障我国经济的可持续发展和国家安全奠定重要的物质基础。丝绸之路经济带将成为我国扩大内陆沿边开放的重要平台。此外，通过丝绸之路经济带建设，还可以促进大城市和城市群发育，提升西部尤其是西北地区的城镇化水平，这对优化中国城市和人口的区域空间布局具有重大意义。

五、促进中国东部地区的转型升级和对外投资

中国过去 30 年的快速发展与崛起是中国向东看、向东开放的结果。因为中国顺应和抓住了经济全球化的浪潮，衔接了从发达国家特别是从美国转移与外包的产业，获得了发展的第一推动力即资本、技术及海外市场，完成了现代化崛起的原始积累过程。接下来，中国发展战略将转变为向西看、向西开放，其原因也在于顺应经济全球化的浪潮，因为经济全球化浪潮由东而来，一路向西，势不可当。中国东部地区经过 30 多年的率先对外开放，已形成了贸易驱动型的外向型增长模式。目前，中东部地

区的企业面临着经济结构转型和海外投资加快发展的新局面，通过"21 世纪海上丝绸之路"加快同东南亚的互联互通，加快企业产品结构的升级至关重要。东部省份应寻求与东南亚国家合作的新支点，加大经贸合作力度，以点带面，形成联动发展的新局面。同时，"丝绸之路经济带"的建设，也有利于我国实现产业升级，实现传统行业向中亚各国转移，并将有助于沿途各国走出当前的经济危机。

总体来看，"一带一路"建设的战略意义在于：在内政上，共建"一带一路"会提供更多的发展机遇，促进区域经济发展，缩小地区差距，推动经济均衡发展；在外交上，共建"一带一路"可以打造连通亚欧国家的陆、海大通道，以经贸发展促进全面合作，着力深化互利共赢格局，积极推进区域安全合作，维护周边和平稳定大局。由此可见，"一带一路"并不是要简单地重现古代陆、海丝绸之路。在性质上，它是集政治、经济、外交与时空跨越为一体的历史超越版；在内容上，它是集向西向南开放与西部开发为一体的政策综合版；在形成上，它是历经几代领导集体谋划国家安全战略和经济战略的当代升级版。

建设"丝绸之路经济带"的初衷是通过连接亚、欧两大陆，辐射 30 多个国家以促进国际贸易。其东边牵着亚太经济圈，西边系着欧洲经济圈，沿线国家经济互补性强，在交通、金融、能源、通信等多领域开展互利共赢的合作潜力巨大。而"21 世纪海上丝绸之路"将串起联通东盟、南亚、西亚、北非、欧洲等各大经济板块的市场链，通过海上互联互通、港口城市合作机制及海洋经济合作等途径，未来有望形成一个覆盖数十亿人口的共同市场，有助于我国与沿线国家在港航物流、海洋资源、经济贸易、科技创新、生态环境、人文交流等领域开展全方位合作。与此同时，在"一带一路"的建设框架下，"完善跨境交通基础设施，逐步形成连接东亚、西亚、南亚的交通运输网络"，也将进一步点燃港口对接新亚欧大陆桥物流运输通道的热情，实现陆、海两条新丝绸之路的经济联动和共同发展。

第二章　生态文明建设的基本理论

第一节　生态文明概念的形成

纵观人类社会的发展历史不难发现，人与自然之间并不总是处于绝对和谐或绝对对抗的状态，而是在对抗中验证着和谐，和谐中充斥着对抗，在对立统一中向前发展的。人与自然之间正经历着由天然和谐到人地失衡、再到人地和谐这样一种螺旋式的上升过程。人类的生存发展离不开自然，自然的结构、功能与演化过程在人类的影响下发生着变化，变化了的自然又反作用于人类自身。人类就是在与自然界的对立统一中，不断调整着自身对自然的态度，并用代表不同历史时期的生产工具记录下文明发展的历程，因此就有了代表不同历史时期的原始文明、农业文明、工业文明，也有了在全球化背景下代表自然、社会和人之间发展关系的生态文明。

一、文明、生态与生态思想

对生态文明理论问题的研究涉及文明、生态、生态学、生态思想等几个基本词汇。

（一）文明

文明（civilization）一词来源于拉丁文“civis”，意思是城市中的居民，其本质含义是人民和睦地生活在城市中的能力。引申义是指社会和文化发展的先进状态，以及这一状态究竟到了何种程度，它涉及技术水平、民族意识、伦理规范、宗教教义、风土人情等领域。

随着人类社会的发展，“文明”一词已经不仅仅局限在狭隘范围内使用，人们在许多方面都使用“文明”一词来表达他们的意志。关于文明的分类，没有统一的标准。按照不同的分类标准，文明可以分为不同的类型。按照时间顺序，可以分为古代文明、近代文明、现代文明；按照社会制度的不同，可以分为奴隶社会文明、封建社会文明、资本主义文明以及社会主义文明；从具体内容来看，可以分为物质文明、政治文明、精神文明、社会文明、生态文明等；从地域方面考虑，可以分为东方文明、地中海文明、欧洲文明、埃及文明等。

（二）生态与生态学

生态（eco）一词源于古希腊语，意思是家或者我们的环境。简单地说，生态就是指一切生物的生存状态，以及它们之间和它们与环境之间环环相扣的辩证关系。“生态”一词涉及的范畴非常广泛，人们常常用“生态”来界定许多美好的事物，如向上的、美的、正面的、健康的、和谐的等事物都可冠以“生态”来修饰。当然，不同文化背景的人对“生态”的定义有所不同，多元的世界需要多元的文化，正如自然界的“生态”所追求的物种多样性一样，以此来维持生态系统的平衡发展。

生态学（ecology）的产生最早是从研究生物个体开始的。“生态学”一词是由德国生物学家赫克尔在 1869 年提出来的，它是研究动植物及其环境间、动物与植物之间及其对生态系统的影响的一门学科。赫克尔在其动物学著作中定义的生态学是：研究动物与其他有机及无机环境之间相互关系的科学，特别是动物与其他生物之间的有益和有害关系。后来，在生态学定义中又增加了生态系统的观点，把生物与环境的关系归纳为物质的流动和能量的交换；20 世纪 70 年代以后，则进一步概括为物质流、能量流和信息流。

任何生物的生存都不是孤立的：同种个体之间有互助也有竞争；植物、动物、微生物之间也存在着复杂的相生相克关系。人类为满足自身的需要，不断改造环境，变化了的环境反过来又影响人类。随着人类活动范围的扩大，人类与环境的关系问题越来越突出。因此，近代生态学的研究范围，除生物个体、种群和生物群落外，已扩大到包括人类社会在内的多种类型生态系统的复合系统，人类面临的人口、资源、环境等几大问题都是生态学的研究内容。如今，生态学已经渗透到各个研究领域。

一个健康的生态系统是稳定的、可持续的，在时空上能够维持它的组织结构和自治，也能够维持对胁迫的恢复力。健康的生态系统能够满足自身的复杂性需求，同时也能满足人类的生存发展需求。

（三）生态思想

在我们谈及人与自然的关系、谈及生态危机等问题时，难免会涉及生态思想。生态思想是关于人与自然关系的基本思想，包括生态伦理、生态道德、生态观念等，涉及人的世界观、人生观、价值观等诸多方面。在认识和处理人与自然关系的过程中，生态思想逐渐产生，并变得丰富多彩。这些思想既包括敬畏天地的，也包括征服自然的；既有保护自然环境的，也有破坏自然环境的，是不同时期人们处理人与自然关系的行动指南。生态思想反映的不仅仅是人与自然关系的某种存在状态，还蕴含着丰富的伦理道德观念：人是自然界的一部分，和其他物种一样，受自然界发展规律的制约，因此必须学会保护自然、尊重自然，按照自然规律办事。当政治、法律、行政、经济手段难以奏效时，思想观念的转变或影响往往会收获意想不到的效果。生态思想被广泛地看作是一种有望解决各种生态问题的有效手段，一门认识世界和改造世界的科学，一种新的世界观和方法论。

进入 20 世纪 60 年代后，环境污染、资源短缺、生态退化等问题进入大众视野，引起了国际社会的广泛关注。越来越多的人认识到，如果地球因为生态危机而毁灭，家园遭到破坏，那么人这个物种的灭亡可能会比很多物种的灭亡来得更早。环境保护主义、生态中心主义、自然中心主义、反工业化等思想影响了许多人，新的生态思想观念也大量涌现，如环境伦理学、生态经济学、生态伦理学、生态哲学、生物多样性、动物权利、稳态经济、可持续发展、生态现代化、第二次现代化理论等纷纷出现。当然，新的生态思想观念还在生成过程中。但无论如何，人与自然的和谐共处一定是最终的目的和归宿。

二、历史上的几种文明形态

纵观人类社会文明发展史，大体上经历了原始文明、农业文明、工业文明这样几个阶段，每一阶段文明的跨越，都离不开科技进步和生产力的极大提高，也离不开人们对人与自然关系认识的不断深化。不同历史时期的文明形态都是当时人与自然关系的社会现实写照，是当时社会现实状况的自然表现。

（一）原始文明

原始社会的生产力水平极其低下，人们必须依靠集体的力量才能够生存，加上物质生产活动单一，采集、渔猎就成为当时人们的主要活动，因而人们对自然界的认识也是非常有限的。原始社会中的人与自然关系体现出一种盲目性与自发性特点，这是一种原始的人地依赖关系，是低等的和谐共处，只不过这种和谐更多地表现为人对自然的敬畏和被动服从，占据主导性地位的是自然。

原始社会的文明是一种以自然为中心的文明，"自然界起初是作为一种完全异己的、有无限威力的和不可制服的力量与人们对立的，人们同自然界的关系完全像动物同自然界的关系一样，人们就像牲畜一样慑服于自然界，因而，这是对自然界的一种纯粹动物式的意识（自然宗教）"。自然界的异己性力量使人们从对它的依赖、顺从、迷惑转变成了恐惧、神话、崇拜，自然界成为自然神，人成了自然界的奴隶。人们可以直接从自然界中获取食物，但是一个地区的食物往往是有限的，不能够满足人们的持续性需要，由此带来的经常性迁移使得当时的人们不会对自然环境造成较大破坏，世界仍然绿意融融。虽然人们已经具备了自我意识，成为具有自我能动性的主体，但由于缺乏强大的物质手段和精神手段，人类支配自然的能力有限，必须依赖于、慑服于自然界，只有从自然母体中获得馈赠才能够生存发展，人与自然之间也就形成了一种混沌共生的和谐状态。虽然这一时期的文明只是初级形式的文明，但其实质是自然中心主义的。

（二）农业文明

大约一万年前，人类社会进入农业文明阶段。随着生产工具的完善，农业社会的生产力水平远远地高出了采集渔猎社会，社会上出现了以驯养和耕种为主的生产方式，人们基本上能够自给自足。首先是畜牧业和种植业的发明。人们不再主要从大自然中直接获取食物，而是转向种植五谷杂粮，饲养牲畜和禽类，获得必需的生活用品。其次是固定住所的出现。为人类应付自然提供了强大屏障，自然也不再是人们威力无穷的主宰。再次是人们自我意识的加强。在人与自然的矛盾斗争中，人类显示出了特有的主观能动性，在一定程度上学会了支配自然，增强了改造自然的能力，也加快了自然的人化过程。这个时期，人口数量激增，大家庭和社区逐渐成为主要的社会组织形式。但是，人们开始力图挣脱自然的庇护，利用自然的同时试图改造自然，而这种改造又往往带有很大的随意性、盲目性和破坏性。人们活动范围的扩大，导致了对自然资源的过度开发，加上为了争夺水土资源而发生的战争占据了这个时期战争的绝大部分，也使人与自然的紧张关系呈现出局部性和阶段性特点。但是，这种局部性、阶段性的破坏是可以恢复的，因为它没有对自然形成根本性的伤害，人与自然之间仍然能达到初级的平衡状态，哪怕只是一种被动的、非理想的生态平衡。

（三）工业文明

进入工业文明阶段之后，蒸汽机的发明和改良及其在工农业生产中的广泛使用，使人类占有和利用自然资源的能力大大提高，创造了农业社会无法比拟的社会生产力和舒适便捷的生活方式。马克思和恩格斯在《共产党宣言》中把这一点描述为：资产阶级利用强大的技术手段，在不到一百年的时间中就创造出了比过去一切时代创造的全部生产力还要多、还要大的生产力。物质财富的极大丰富、生活范围的不断扩大、人口数量的增加和寿命的延长等，激起了人类进一步征服和改造自然的雄心壮志。这个时期人类对自然的态度也来了个大转弯：由依附利用变成征服驯化。人们的主观性被不恰当地发挥，人变成了主宰大自然的神，这是极端人类中心主义的表现。在这种思想的影响下，人们对自然的征服和统治变成了掠夺和破坏，无节制的资源消耗带来了无节制的环境污染，导致了自然资源迅速枯竭和生态环境日趋恶化的双重恶果，环境污染、能源短缺、气候变暖、土壤沙化、物种灭绝等灾难性恶果活生生地摆在了人们面前。农业文明时期人与自然环境之间的协调关系受到严重破坏，自然界承受着来自人类的巨大压力，其程度超出了它所能承受的极限。工业文明时期人与自然之间是掠夺与被掠夺的关系，人对自然界进行着“伤筋动骨”式的改造，导致了人与自然关系越来越紧张。面对日趋严重的生态危机，我们不得不反思传统工业社会的生产方式以及与之相关的道德伦理。

三、生态文明概念的形成

生态文明作为一个新概念出现在人们的视野中，大约可以追溯到20世纪80年代中期。在此之前，人们多用“环境”“生态”等词表述当时的自然状况。随着我国经济社会的不断发展以及越来越多的环境问题的出现，人们在思考人与自然关系时，迫切需要建构一种可以影响甚至改变人们生产生活方式的思想观念。在建设中国特色社会主义伟大事业的过程中，我们越来越感觉到资源环境问题的严重性，以及对经济社会发展的制约性。作为最大的发展中国家，中国不可能停下发展的脚步而单独去治理生态环境，必须在发展中尽可能快地找到解决这一问题的方法。无论是国家政府，还是专家学者，无不对这一问题高度重视。也正是在这样的氛围中，我们自认为找到了一条可以度过生态危机的道路，那就是生态文明之路，虽然道路坎坷曲折，但前途必然光明。

第二节　生态文明的理论基础

生态文明理论的产生是一个辩证发展的历史过程，是对以往生态思想的继承、发展与创新。生态文明思想继承了中国传统文化中的精华、西方社会中的优秀生态思想以及马克思主义理论中涉及生态环境的基本内容。在此基础上，生态文明理论再与中国的具体国情相结合，以解决和谐社会建设中的生态问题为契机，立足于中国乃至整个人类社会可持续发展的基点之上，丰富和完善着科学社会主义理论，体现着马克思主义理论与时俱进的优良品质。

一、中国传统文化中的生态思想

中国的传统文化是世界文化宝库中的瑰宝，它博大精深，领域宽广，儒、道、佛三家是其中最重要的组成部分。在儒、道、佛三家思想中，都包含有丰富的生态思想，老祖宗的这些生态思想是生态文明建设的重要理论来源之一。

（一）儒家：天人合一、仁民爱物思想

"天人合一"是"天人合德""天人相交""天人感应"等思想的统称，是人与自然和谐共生的终极价值目标。孔子"天人合一"思想的实现，依靠的是"中"的法则的指导，自然与人在"中"之法则的指导下发生联系，趋向统一。孟子的"天人合一"是"尽心、知性、知天"和"存心、养性、事天"的"天人合一"。"尽其心者，知其性也。知其性，则知天矣。存其心，养其性，所以事天也。"[①] 董仲舒的"天人合一"思想则明显地带有政治痕迹，是"人格之天"或"意志之天[②]"。"人副天数""天亦有喜怒之气，哀乐之心，与人相副，以类合之，天人一也[③]"。宋明时期程颢曰："天人本无二，不必言合"；陆象山曰："宇宙即吾心，吾心即宇宙[④]。"在这里，人就是天、天就是人，人与天达到了同心同理的"天人合一"的境界。"天人合一"的"天"可以分为"主宰之天""自然之天"和"义理之天"。"主宰之天"与人们观念中的"神""上帝"相一致。董仲舒"天人感应"之"天"含有"主宰之天"之意。"自

① 孟轲著．孟子[M]．刘凤泉，李福兴，译注．济南：山东友谊出版，2001.

② 施湘与．儒家天人合一思想之研究[M]．台北：正中书局，1981.

③ 董仲舒．春秋繁露[M]．曾振宇，注说．郑州：河南大学出版社，2009.

④ 曾春海．陆象山[M]．台北：东大图书公司，1988.

然之天”是“油然作云，沛然下雨”的天，是“四时行焉，万物生焉”的天。“义理之天”是具有普遍性道德法则的天。“肆惟王其疾敬德！王其德之用，祈天永命。”[①] 君主应该崇尚德政，以道德标准来判断是非，才是顺天应命，才能够得到“天”的护佑。宋明时期的“理学之天”实际上是对孔孟“义理之天”的进一步发挥，所以，“理学之天”基本上就是“义理之天”。在上述关于“天”的三种解释中，“义理之天”占据了主要位置，它为人们的生产生活提供各种伦理道德规范，是文化世界的一部分。“主宰之天”和“自然之天”也为人们提供适应社会生活的各种伦理价值，即人的社会政治活动受制于自然法则，自然法则含有社会伦理学的因子[②]。天人合德是儒家天人合一思想的第一种重要形式。儒家认为动植物是人类的生存之本，而这些动植物资源又是有限的。荀子肯定了自然资源是人类赖以生存和发展的物质基础：“夫天地之生万物也，固有馀足以食人矣；麻葛、茧丝、鸟兽之羽毛齿革也，固有馀足以衣人矣。”[③]“故天之所覆，地之所载，莫不尽其美，致其用，上以饰贤良，下以养百姓而安乐之。”[④] 对大自然不能够采取杀鸡取卵、涸泽而渔的态度，一旦这些资源枯竭，人类也会自取灭亡。自然资源的有限性和人类需求的无限性构成了矛盾统一体，二者既相互对立，又相互统一，限制其矛盾的方面，发展其统一的方面，在相互影响与促进的过程中共同发展。

从持续发展和永续利用的基点出发，儒家萌生了“爱物”的生态理念，主张爱护自然界中的动植物，有限度地开发利用资源，反对涸泽而渔式的破坏性使用。

（二）道家：自然无为、天地父母思想

“自然无为”是老庄哲学的要义，是人类“复归其根”自然属性的反映。它要求人们以“自然无为”的方式与自然界进行交流，以实现顺应天地的自然而然的状态。“人法地，地法天，天法道，道法自然”，[⑤]“道常无为而无不为”[⑥]。“道”把自然和无为作为它的本性，既有本体论特征，也有方法论意义。这里的自然既是人之外的自然界，也是人生命意义的价值所在。而道是人性的根本和依据，决定了人性本善的归

① 王世舜.[M].尚书，译注.聊城：山东师范学院聊城分院中文系古典文学教研室，1979.

② 陆自荣.儒学和谐合理性：兼与工具合理性、交往合理性比较[M].北京：中国社会科学出版社，2007.

③ 孙聚友.荀子与《荀子》[M].济南：山东文艺出版社，2004.

④ 同上。

⑤ 李耳.老子[M].卫广来，译注.太原：山西古籍出版社，2003.

⑥ 同上。

宿，是人自然而然的存在，体现出老庄哲学中深刻的人文价值关怀。这里的无为既是对根源于道的自然本体属性的认识，也是对人的内在的自然本体属性的认识。无为思想体现出了老庄思想的矛盾性，矛盾的统一性表现为个体的自然本性与道的本质属性的统一性，矛盾的对立性表现为个体的社会属性与道的对立性，即人的有为与道的无为的对立。既然无为是道的本质属性和存在方式，那么，无为也是自然界的本质属性和存在方式，这里的自然界包括人类在内。人类要想复归其根，与道合而为一，自然无为是根本的途径[①]。道对天地万物是无所谓爱恨情仇的，植物的春生夏长、动物的弱肉强食、气候的冷暖交替等都是自然现象。道家的无为并不是什么都不干或躺在床上等死的颓废，而是一种无为即大为的境界，是一种更高层次的为。道家的有为则指无视自然本性的妄为。妄为远离了人的自然本性，靠近了人的功利和狭隘，不可避免地导致人本性的异化，诞生大量的虚伪与丑恶。

道家把天与地比作父与母，于是就有了天父地母的说法，“天下有始，以为天下母。既知其母，又知其子。既知其子，复守其母”[②]。道家借用父母与子女的关系来比喻道与天地、万物的关系。道家把天地这个大自然系统看成有生命活力的有机整体，并且表现出人格意志的思想特征，其中包含着明显的生态伦理意蕴。

（三）佛家：无情有性、珍爱自然思想

“无情有性”是佛教教义的重要方面，也是佛教自然观的基本体现。“无情有性”是指山川草木、石块瓦砾、亭台楼阁等无情物也有佛性，即所谓的“草木成佛”论。大乘佛教认为一切法都是佛性的体现，万事万物都有佛性，既包括有“情”的飞禽走兽，也包括无“情”的花草树木、砖头瓦块等。禅宗认为“郁郁黄花，无非般若，清清翠竹，皆是法身。一花一世界，一叶一菩提”[③]，自然界的万事万物都是佛性的体现，有其之所以为此物的独特价值。因此，爱护自然界的万事万物成为佛教徒们必然要遵守的清规戒律。

把“无情有性”思想运用到今天的环境保护中，不仅体现在人类对自然的关爱和利用上，即不仅体现在自然对人类的工具性价值，还体现在自然本身的内在价值上，要尊重自然生态系统的完整性和稳定性。

---

① 唐凯麟，曹刚．重释传统——儒家思想的现代价值评估[M].上海：华东师范大学出版社，2000.

② 老子．道德经[M].北京：华文出版社，2010.

③ 黄绎勋．宋代禅宗辞书《祖庭事苑》之研究[M].新北：佛光文化事业有限公司，2011.

二、马克思主义创始人的生态思想

虽然马克思、恩格斯的著作多以经济问题和政治问题为中心展开论述，但是，在这些论述中却蕴含着丰富的生态思想，这些生态思想成为社会主义生态文明建设重要的理论来源之一。马克思、恩格斯在谈论自然问题时，很少孤立地就自然问题谈自然问题，而是把它放在当时经济社会发展的现实当中，根据具体情况对自然问题做出必要评判，进行可行性预测。虽然有些内容与当今全球化时代的实际情况有些出入，但其生态思想中的精髓内容仍然可以作为我们建设中国特色社会主义生态文明的有益借鉴。

人类与自然界之间是作用和反作用的关系。人类对自然界的作用在于人类的主观能动性，自然界对人类的反作用则体现在自然对人类的报复及非人化的完成上。人类是自然界的一部分，这就决定了我们对待自然界应该和对待人类自身一样。恩格斯指出："由动物改变了的环境，又反过来作用于原先改变环境的动物，使它们起变化。因为在自然界中任何事物都不是孤立发生的。每个事物都作用于别的事物，并且反过来后者也作用于前者，而在大多数场合下，正是由于忘记了这种多方面的运动和相互作用，就妨碍了我们的自然研究家看清最简单的事物。"[①] 人类与自然界之间的作用不是单向的，而是双向的。在人类对自然界施加影响的同时，自然界也在对人类施加潜移默化的影响。

随着科学技术的发展及生产工具的改进，人们对自然界及其规律的认识在不断加深，对自然界施加反作用的能力也在不断增强。"而人之所以能做到这一点，首先和主要是借助于手。甚至蒸汽机这一直到现在仍是人改造自然界的最强有力的工具，正因为是工具，归根结底还是要依靠手。但是随着手的发展，头脑也一步一步地发展起来，首先产生了对取得某些实际效益的条件的意识，而后来在处境较好的民族中间，则由此产生了对制约着这些条件的自然规律的理解。随着自然规律知识的迅速增加，人对自然界起反作用的手段也增加了；如果人脑不随着手、不和手一起、不是部分地借助于手而相应地发展起来，那么单靠手是永远造不出蒸汽机来的。"[②] 动物对地球的影响是有限的，而人的影响却是巨大的。由于人们对自然规律的认识程度和认识能力都大幅度提高，所以对自然界的改造和破坏也往往是巨大的。人的改造活动与人的主观能动性的发挥是密切相关的，是人的主观能动性的表现和发挥的结果，加上自然界

---

① 中国民族语文翻译局．马克思恩格斯文集[M]．南宁：广西民族出版社，2014.

② 同上。

提供的基本物质条件，因而创造出了许多自然界原来没有的东西。如果这种改变有益于自然界，就会促进自然界的发展；反之，则会产生巨大危害。这也是当今生态危机中的一个迫切需要解决的重要问题。

第三节　生态文明建设的思想基础

一、生态文明与正确的世界观、人生观、价值观相互依存

世界观、人生观、价值观是一个人在其生存发展过程中形成的关于自然、世界、社会、自身等方面的是非、好坏、曲直的判断，一般是在后天环境影响和制约下形成的，反过来又作用于人的生存发展过程。随着生态危机对人类生存威胁的不断加大，生态文明理论也被纳入了人的世界观、人生观、价值观等内容之中，并成为当今时代的重要内容。纳入了生态文明内容的世界观、人生观、价值观我们称为生态世界观、生态人生观、生态价值观。

（一）生态文明建设与生态世界观

生态世界观，也可以称为生态化的世界观，是在人们正确认识科学技术有用性的基础上，对人与自然之间的关系的反思和哲学概括，是把自然系统的整体性和系统性应用于解决生态危机的实践中，并作为维持人类可持续发展的观点和方法的总结，是对传统世界观的超越。生态世界观是对马克思主义世界观，即对辩证唯物主义和历史唯物主义世界观和方法论的运用和发展、继承和创新。生态世界观有以下基本特点。

1. 生态世界观是对机械论世界观的否定和超越

科学的不断发展，从本质上论证着机械论世界观的不足，也从根本上证明着机械论世界观在复杂现象面前的软弱性。在众多学科领域中，大量出现的反常现象使人们明白；无所不能的辅助性假设已经失去了昔日的光彩，由机械论世界观所构筑的理论大厦也已经漏洞百出。但是，作为曾经推动人类进步的力量，在一定的范围内，机械论世界观具有一种无法抗拒的巨大魔力。20 世纪下半叶以前，因为现代生态学等学科尚处于不成熟阶段，所以，虽然某些学科领域中出现了对机械论世界观的怀疑，但是这些学科的发展仍然要受机械论世界观的束缚，如相对论与量子力学。到 20 世纪七八十年代，由于机械化实证科学的发展带来了自身难以克服的矛盾和危机，这些矛盾和危机足以成为机械论帝国的掘墓人。科学的发展要求超越以前的发展范式，重新

建立一个解决危机和矛盾的新范式，并把这种新范式作为实践活动的理论指南和思想建构。新哲学范式的形成离不开一定的外部环境，离不开一定的文化氛围，我们对工业文明的深刻反思、全球性生态化运动的兴起丰富了新哲学范式的内涵，生态文明就诞生在对工业文明的反思和生态化运动中。

马克思主义理论中蕴含着丰富的生态思想，包括人与自然和谐共生机制、价值实现机制等。人与自然的和谐共生是人与自然形成统一整体的基础，也是价值实现机制的应有之义。作为整体中一部分的人与自然万物，与社会系统整体中的人与人之间的交互作用一样，其演化的机理是，作为整体中的一员，它必须得到公正的对待，也就是能够获得应有的价值。具体到自然界整体系统中，即一方面要满足人的利益，另一方面要确认或尊重自然万物的内在价值。如果对自然万物的内在价值视而不见，或仅仅把自然万物的价值归结为对人的有用性，认为自然界只具有对人而言的工具性价值，必然会解构人与自然所形成的整体性，引起人与自然之间的对抗和分裂。所以，马克思对西方工业社会中资本和自然之间的对抗性做了犀利的批判："在私有财产和金钱的统治下形成的自然观，是对自然界的真正的蔑视和实际的贬低。在犹太人的宗教中，自然界虽然存在，但只是存在于想象中。"马克思认为，自然界的万事万物都具有内在价值，而资本的利己性却仅仅从金钱的视角来判断一切事物的价值，这就完全剥夺了自然界与人类社会本身所具有的价值。从而，资本把人、自然、社会之间的关系转换成赤裸裸的金钱或利益关系，践踏了人和自然的尊严，并把它们作为私有财产，颠覆了人类社会的基本价值规范，使人类社会的道德水平日益下滑。进行生态文明建设，不但要肯定人对自然界的合理正当利用，肯定自然界的属人性，而且要肯定自然万物本身的内在价值，肯定自然万物的独立性，即人的自然性。总而言之，自然界和人类之间的主体间性是应该得到充分肯定的，这个理论应该得到更加充分的发展。

2.生态世界观是对事物之间有机联系的概括

生态世界观注重从整体性角度来把握世界，并把世界作为由各种关系之网组合成的有机整体。大卫·格里芬认为："生态世界观认为，现实中的一切单位都是内在地联系着的，所有单位或个体都是由关系构成的。"①

虽然自然界的构成极其复杂，但这并不代表其无章可循。自然万物都在永恒的、非线性的关系之网中演化，而自然万物只是永恒关系之网的一部分，包括人类在内，

① 大卫·格里芬.后现代科学：科学魅力的再现[M].马季芳，译.北京：中央编译出版社，1995.

都在这个有机整体中生存，并对整体产生或好或坏的影响。这种复杂的关系之网非但没有扰乱世界，反而为我们呈现出一个丰富多彩且有章可循的大千世界。表面上微观的无序状态与宏观的有序状态相互协调，促进着世界的演化。当然，无序不是杂乱无章，有序也不是一成不变，它是有机系统整体的内部约束力和外部影响力交互作用的结果，是一种动态平衡。机械论世界观习惯于把事物及其性质进行无限的分割，然后进行重组，从而得出事物是由其构成要素的排列方式不同所导致的这样一种结论，认为事物的性质在于其组成部分的性质。生态世界观则认为，世界具有整体性、不可分割性、永恒性特征，是一个自组织系统，世界在自身的演化中造就了不同的事物、事物的联系和整体的有序性。基于世界的自组织演化过程，才有了无机界、有机界、人类社会，才有了人类的自我超越，才有了多彩的世界。

事物之间联系的动态性、非线性特征决定了系统整体不可机械分割的特质。事物的存在及事物间的联系是客观的，不以人的意志为转移，它们存在并发挥着作用。在一般情况下，整体"逻辑地先于"部分，因为整体的特征并不是其组成部分的特征的简单相加，部分的特征影响着整体的特征，而整体的特征却决定了相互联系的事物的特征，这个决定着事物特征的有机整体就是处于相互联系的事物存在的大环境。机械论世界观之所以犯了形而上学的错误，是因为它设想有存在于联系之外或整体之外的孤立存在物，从而走入了思维的误区。生态世界观认为，有机整体中的任何一部分与整体中的其他部分必然具有直接或间接的关系，一个部分的发展变化必定在不同程度上引起其他部分量或质的变化，进而影响到整体关系之网的变化。因此，有机系统内部的联系是一种内在的有机联系，不是实体之间机械性的外在联系，每一事物都是世界关系之网的一部分。同样，人类也在此列之内。"事实上，可以说，世界若不包含于我们之中，我们便不完整；同样，我们若不包含于世界，世界也是不完整的。那种认为世界完全独立于我们的存在之外的观点，那种认为我们与世界仅仅存在着外在的'相互作用'的观点，都是错误的。"

3.人类的价值在于促进自然整体的自组织演化过程

生态世界观认为，人类的价值在于社会的变化发展之中，更在于对自然整体的自组织演化过程的促进之中。人是自然界发展到一定阶段的产物，人的肉体生存和精神的丰富都离不开与自然界的相互作用，只有维护好了自然有机整体的健康，人类的生存和发展才能健康，才能够与自然之间形成和合共生的协调状态。基于工业文明之上的狭隘的人类中心主义，从根本上否定着自然界的内在价值，割裂着人类自身与自然整体的有机联系，以统治者的姿态凌驾于自然界之上，不但会毁灭自然的价值，也在毁灭人类自身的价值。当今世界的生态危机使人们认识到，人类受制于自然界整体关系之网，对自然整体价值的维护实际上就是对人类自身价值的维护。拉兹洛认为，“所有系统都有价值和内在价值，它们都是自然界强烈追求秩序和调节的表现，是自然界目标定向、自我维持和自我创造的表现。”[①] 所以，价值创造的来源在于自然整体的演进。自然整体在其自身的演进中造就着丰富的价值，人类就是自然界造就的高价值物种。退一步说，人类虽然是高价值的物种，但它更是组成自然整体的一部分，因此，人类的价值不可能高于自然的整体性价值。人类的价值应该体现在对自然整体性价值的自觉维护上，体现在对自然演化过程的促进上。也就是说，人类应该在自然界健康和繁荣的前提下发展自己。假如作为人的无机身体的自然界通过人类的努力最终达到了自我意识，人类就更应该明白自身的价值，认识到人类对自然的作用：作为自然界演化出的特殊物种，人类应该承担起自然界引导者和管理者的使命，以促进自然整体价值的提高。为了完成这一光荣而艰巨的使命，人类必须从物种自身的局限性中跳出去，在谋求自身利益的同时，也为自然界的万事万物的发展创造条件，为自然界的安全和生命的进化贡献力量。也只有如此，人类才能把自身的发展和自然界整体的演化融合为一体，才能够实现人类生存的真正价值，拓展人类生存发展的意义。

（二）生态文明建设与生态人生观

生态人生观是把人生的目的、意义和道路寓于自然生态整体的观念和态度的综合。它是生态世界观的重要组成部分，受生态世界观的制约。生态人生观的核心问题是如何认识和处理个人、社会、自然的关系问题。人生观是社会生产方式的产物，具有一定的阶级性。由于社会成员社会地位的不同、成长环境以及个体认识上的差异性，形成的人生观也往往不同。判断一种人生观的标准，就看它是否与社会发展的根本要求相一致。生态人生观反映着社会发展的现实状况和发展要求，代表着先进生产力的发展方向，是解决生态问题、建设高水平的社会主义社会乃至共产主义社会的人生理念，是革命的、科学的人生观。

生态文明是对传统工业文明的超越，是人类文明发展的新阶段。作为人类文明史上的伟大创举，它的萌芽和成长不可能一帆风顺，它需要在人们的内心深处进行一场革命性变革，生态人生观就是在这种变革的基础上建立起来的。生态人生观吸取了以往人生观的精华，融合了生态文明建设的相关理念，是一种新型的人生观。生态人生观的基本特点如下。

---

① 拉兹洛．用系统论的观点看世界[M]．闵家胤，译．北京：中国社会科学出版社，1985.

1. 生态人生观主张人是自然界一员的基本思想

人类从自然界诞生的那一刻起，就注定了与自然界的对立，也注定了人类要受自然界的奴役。但作为万物之灵的人类具有其他物种所没有的主观能动性，能够利用自然、改造自然，人的素质和能力也因此成为衡量社会进步与否的基本标尺。随着科学技术的突飞猛进，人类获得了改造和征服自然的强大手段，创造出了更多改造自然的奇迹，也增加了人类进一步征服自然的信心，以至出现了可以把地球撬起来的阿基米德和可以创造宇宙的笛卡尔等。在此，我们无意诋毁他们勇猛精进的科学精神，但这是人类渴望驾驭自然的权威论题。“主人”的权力和欲望比“奴隶”的自然要大得多，对自然界肆无忌惮的开发和污染，恶化着大自然的有机整体；反过来，也影响到“主人”的身心健康和发展，从而制约着人类社会的持续发展。日益严峻的生态问题提示我们，不管人类多神通广大，也只能在“如来佛（自然）的手掌”中折腾。人类应该从根本上端正自身对待自然的态度，真正以自然界一员的姿态来审视自身、审视人类活动及其结果。

2. 生态人生观主张人与自然之间和谐共生的思维模式

随着经济全球化与科技革命的发展，人类的生存空间和生存时间大大扩展，联系和交往也大大加强，使生产与消费、物质生活与精神生活、开发与污染等都具有了世界性、公共性特征。不同的主体之间存在着对立和竞争，也存在着互补和共生。自然系统的整体性原则并不否认或抹杀竞争，但它强调竞争的有序性和正当性，不能为了自身而牺牲他者。作为自身的一方，同时也是他者的对方，而他者同时也是自身。所以，人类必须改变传统的人生观思维模式，变“有我没你”“不共戴天”“斩草除根”为和睦相处、互惠互利、双向共赢的思维模式。在拥有着多元主体的当代世界，合理的思维方式应该是在不同观念和文化的交流与碰撞中，放弃傲慢与自大，也坚决反对各种形式的霸权主义和强权政治。

3. 生态人生观主张对现存社会关系的变革

产生生态危机的原因之一是社会关系的紧张，即人与人之间矛盾的加剧。当代世界，无论是在政治、经济还是在军事等方面，资本主义均占据着绝对优势，而众多的环境问题在与资本的博弈中也多数败下阵来。借助于自身的优势，发达国家控制并消费着地球上的大部分能源与资源。全世界不足 20% 的富人拥有超过 80% 的财富，这种差别主要体现在南北国家之间。贫富差距的扩大加剧着社会矛盾，腐蚀着人们的精神家园，也昭示着资本主义的反历史、反人类本性。生态文明的形成以及生态人生观的确立，需要我们从根本上变革不合理的社会关系，实现人、自然、社会的统一，使社会化的联合生产者，在消耗最小的力量、最符合人性的条件下，合理地调节与自然之间的物质变换。也只有这样，人类才能够最终走出困境，创造出美好未来。

（三）生态文明建设与生态价值观

人是自然界的一部分，既有社会性，也有自然性。人的社会性特征表明，人有开发利用自然界的能力，也有修复和保护自然界的能力。自然界既有为人服务的工具性价值，也有超越人的生态价值。我们强调自然界的生态价值，同时也不否定其工具性价值，把两种类型的价值观有机地结合起来，在生态环境优先的条件下，实现经济社会的发展。生态价值观的基本观点如下。

1. 生态价值观强调自然界的内在价值

一般而言，方法论受价值论的影响或指导。我们要卓有成效地建设生态文明，就必须认真地反思与审视价值的归属及自然的价值问题。自 20 世纪中期以来，随着生态环境的恶化，生态伦理学也随之诞生。自然界的系统理论与自组织理论是非人类中心主义的出发点，非人类中心主义认为价值的存在是内在的、客观的、不以人的意志为转移的，它并不仅仅从属于人类，人类也不是价值的唯一主体。霍尔姆斯·罗尔斯顿认为，自然界中的任何事物都具有自我价值的评价能力与自我价值的实现能力，自身就是目的本身。所以，相对于自身而言，事物具有“非工具价值”，或者称为“对象的自我目的性”。罗尔斯顿的“内在价值论”理论认为，价值来源于自然系统本身的创造性，相对于自然界的创造性本身来讲，自然界中的万事万物都是有价值的，表现为自发性、创造性与价值共同存在。同样，从自然界自组织理论出发，人作为价值的主体是自然界自我进化与自我组织的产物。也可以说，大自然在创造价值的同时，也创造了有评价能力的人类。价值是在自然界的演化过程中产生的，是自然把价值馈赠给了人类，而不是后起之秀的人类赋予自身的。非人类中心主义认为，价值的主体性与客观性都在自然自身的演化过程中获得，与人类的目的和评价能力之间没有必然的联系。所以，从自然的内在价值论出发，人类应该爱护环境、敬畏生命。生态价值观强调对传统的价值论和伦理学进行革命性的变革，这是人类走出狭隘的人类中心主义的理论依据，无疑将推进我国的“两型社会”建设。马克思认为，主体性和属人性是价值的本质属性，却不是唯一属性。价值的主体性与客观性不可分离，因为主体与客体之间是相互依存的，没有了主体也就无所谓客体，任何事物的价值都要从客体所固有的属性中来获得，“一物之所以是使用价值，因而对人来说是财富的要素，正是由于它本身的属性。如果去掉使葡萄成为葡萄的那些属性，那么它作为葡萄对人的使用价值就消失了"[1]。价值的这种主体性与客体性相互依存的特点提示人们，在关注事物主体属性的同时，也要关注事物的客体属性，使主体与客体能够优化组合，这是我们处理人与自然关系的基本生态理念。

2. 生态价值观强调类本位的价值观念

当今世界，大多数发达国家已经进入了工业文明后期，而我国则处于工业化发展的上升期或中期阶段，即进入了以信息化带动工业化、以工业化推进信息化的时期。同时，经济全球化使世界各国变成一个不可分割的整体，地球成了"地球村"。但这些现象的存在并不意味着差别的消失。经济全球化背后包含着地区、民族和国家的差别，并且在发展过程中经常会受到这些差别的限制，使全球化和区域化现象同时并存。但是，有一种差别却不在这种限制之列，那就是经济发展过程中带来的生态后果。大自然本身是无所谓民族、种族、国家之别的，也没有真假善恶之分，地球上的生态环境是一体的，区域性污染不仅会影响到地区，也可能影响到全球。这种情况使得类本位与国家本位、环境保护的类本位与利益实体的国家本位之间产生冲突，在应然和实然之间出现差异。人们该如何面对这种两难之选呢？罗马俱乐部主席奥尔利欧·佩奇在《世界的未来——关于未来问题一百页》中认为，对涉及全球性的生态环境问题，类本位的意识应当重于或先于地区本位、阶级本位、民族本位和国家本位。因为从最终目的和意义上来说，"人的发展是人类的最终目标，与其他方面的发展或目标相比，它应占绝对优先地位"[2]。民族本位价值观或国家本位价值观的突出表现是，在强大的经济实力的护佑下，在激烈竞争和巨额利润的诱使下，一些西方国家及他们的连锁企业，置全球生态环境与落后国家和地区的利益于不顾，大搞生态殖民，把一些落后或高污染的产能以投资或扶持的名义转移到落后国家和地区，把大量生产垃圾和生活垃圾以廉价出售甚至是"赠送"的方式转移到他国，更不用说在公共领域中的"三废"排放了。这种做法实际上是霸权主义在生态领域的表现，也可以说霸权主义正在从政治、经济领域转向生态领域，是一种赤裸裸的生态殖民主义。生态殖民主义是一种违背全球性生态价值观的殖民主义、势必会引起受害国家、民族或地区的强烈反抗。在这种不合理的国际旧秩序中，就反抗生态殖民主义、维护国家利益和主权而言，国家本位或民族本位理应高于类本位。在生态保护领域中，应然和实然两种价值观之间出现了对抗或冲突。相应地，也就有两种价值选择摆在人们面前，即人们

① 马克思，恩格斯 . 马克思恩格斯全集：第 26 卷 [M]. 北京：人民出版社，1973.

② 奥尔利欧·佩奇 . 世界的未来——关于未来问题一百页 [M]. 王肖萍，蔡荣生，译 . 北京：中国对外翻译出版公司，1985.

应该在类本位伦理和国家本位伦理之间如何选择的问题。我们应该确立“立足局部，放眼全局”“立足本国，放眼全球”的基本理念，在以全人类利益为中心的类本位价值观的引导下，积极维护本国的主权和利益。类本位思想强调的不是人类对于自然的绝对性、优越性，而是超越狭隘的个人主义和地方主义，以全人类的需要和利益为旨归而确立的人类本位中心。反观生态危机，问题并非出在是否以人类利益为中心上，而是出在个体本位、集团本位上。所以，生态危机的出现，绝不是因为重人类的总体利益，而被资产阶级理论家所鼓吹的“人类中心主义”充其量也只是个人中心主义或集团中心主义的“遮羞布”而已。

3. 生态价值观强调代际平等的价值理念

平等问题特别是代际平等问题，是社会持续发展必须解决的基本问题。自然资源与环境是人类共同的财富，这里的人类不单单是指当代人，也指子孙后代。人们不仅要关注当前的经济发展与生态环境，也要考虑未来子孙后代的发展。人类应当从时间和空间两个角度，从当代人和后代人两种立场上去衡量人类的整体利益。一般情况下，人们思想中的平等，往往只局限于当今社会中人与人之间或国与国之间的平等。生态价值观强调的代际平等有两方面的含义，一方面，在享用自然资源和保护自然环境上，所有国家和民族的后代都是平等的。为此，我们坚决反对一些西方国家的生态殖民主义做法，不能为了保护本国的资源和环境，而损害他国的资源和环境；不能为了保护本国及后代的利益，而损害他国及其后代的利益。那些反人道主义的做法，人为地导致了不同国家和民族之间后代的不平等，也使人道主义和自然主义更加对立。另一方面，作为生生不息的人类，当代人没有权利剥夺后代人的生存权和发展权。历史和现实一再警示人们，如果继续对自然界进行毁灭性的开发利用，“自然界赤字”将无法得到弥补，人类也会因为资源的匮乏和环境的恶化而自取灭亡。代际平等既是可持续发展的重要目标，也是可持续发展得以实现的必要条件。建设生态文明，必须确立以代际平等为导向的生态价值观。目前，我国正处于从传统型社会向现代化社会过渡的时期，这个时期的价值观是多元化的。其中，生态领域的价值观更值得我们关注，因为这些价值观既影响到人类自身，也影响到自然界的变化发展。我们必须在生态领域中确立正确的价值观，努力使各个领域的价值观生态化，并以此来指导经济与社会的健康发展。

二、生态文明是唯物主义自然观和历史观的有机结合

生态文明建设立足于当前人类所面临的严峻现实，放眼于未来经济社会的发展，并深刻反思长期以来人类所持有的狭隘人类中心主义思想，重新审视人与自然的关系。生态文明建设以马克思主义自然思想为指导，包含了丰富的唯物主义自然观和历史观的思想内涵，并通过唯物主义自然观和历史观的有机结合，优化人和自然之间的关系。

（一）自然观和历史观的有机结合为生态文明建设提供了理论支撑

生态文明自然观与传统自然观不同，它提倡生态系统的“大自然”思想，即马克思自然观所揭示的“自然—人—社会”相统一的思想。“大自然”思想可以指引我国的生态文明建设，为我们正确认识和处理人、自然、社会之间的关系，建设生态文明提供理论支撑。生态文明建设就是要维护好“自然—人—社会”这一生态巨系统的健康运转，使人与自然、人与社会、发展与环境等子系统既实现内部的协调，也实现子系统之间的协调，在相互协调中共同发展，这是生态文明建设的核心内容。人与自然的和谐离不开人与人之间社会关系的和谐，只有人际关系实现了和谐，人与自然的和谐才具有社会性的价值和意义。所以，生态文明建设必须立足于人，以人的根本利益为出发点，以调整人的社会关系为主要手段，改善生态人文环境，通过人的实践活动创造出一个更加和谐的自然界。

人与自然的关系是马克思唯物主义思想的重要方面。假如我们割裂了唯物主义自然观与历史观之间的关系，就无法全面理解马克思生态思想的深刻内涵，更谈不上解决各种各样的生态问题。因此，对马克思的生态思想和社会思想进行人为分割是错误的。唯物主义自然观是在唯物主义辩证发展的基础上，在与唯心主义的殊死搏斗中逐渐产生的。人是自然界发展演化到一定历史阶段的产物，而人诞生之后的自然界也变成了打上人类烙印的人化的自然界。在历史唯物主义视野中，劳动是作为人与自然的中介而出现的。在《1844 年经济学哲学手稿》中，马克思第一次提出了人的“联合”与“联合产品”的概念。这些概念的提出，对于消灭私有制及私有制下的异化劳动现象起了决定性的作用。自然与社会的关系是马克思生态思想的重要内容，也是现代生态学关注的焦点。马克思把早期资本主义社会中的土地、人口以及工业作为一个整体来考察，这本身就蕴含着现代生态学的系统论观点。正是基于对这种系统论的历史考察，唯物主义的自然观和历史观实现了融合和统一。马尔萨斯把人口过剩的原因归结在他的著名推断上，即谷物是按照算数等级增长，而人口是按照几何等级增长的。马克思认为，与谷物的过剩相比较，人口的过剩是相对的。这种相对过剩是由资本的本

性对利润的追逐造成的。它一方面掠夺着土壤的肥力，另一方面又中断了人类与自然界之间物质能量和信息的交换过程，把人口、土壤的肥力、谷物、粮食，甚至人类的排泄物都留在了城市系统中。马克思认为，财富的来源有两个：一个是自然界，一个是劳动。自然界，特别是土地是财富的重要来源，因为资本的原始积累就始于对土地的掠夺。工人阶级的劳动，是财富的另一个来源。资本对劳动的剥削造成了劳动的异化，也造成了资本主义社会的两极分化和阶级对立以及社会再生产的中断，使自然界整体系统的物质代谢和循环发生紊乱。所以，资本与私有制的存在破坏了自然社会的生态系统，是造成生态危机的深层次根源。

（二）自然观和历史观的有机结合为生态文明建设提供研究问题的基点

马克思主义理论中蕴含着丰富的“人”的思想，这些思想为我们理解唯物主义自然观和历史观、自然的人化和人的自然化等观点，提供了一把认识当今生态危机的钥匙，是研究社会主义生态文明建设的基点。在人类还处于纯粹动物阶段的时候，人是自然界的一部分，与自然界是一体的。当然，也就不存在所谓的主体与客体之分。人从动物界中脱离出来之后，通过实践劳动确立了主客体之间的关系，人类成为认识自然和改造自然的主体，自然界成为被认识、被改造的客体。从根本上说，人的主体性实际上就是人的实践性，人是通过实践来展现自身的主体性特征的。人类改造自然体现了人的主观能动性，而动物则只能被动地顺从自然。由于人所具有的主体性，决定了人在认识自然和改造自然的过程中，必须肩负起关爱大自然的神圣责任，做自然界的保护者。所以，处理人与自然的关系问题离不开“主体是人，客体是自然”这一主体性原则的实施。但是，以上这些并不是我们保护自然的最终目的。我们保护自然不是为了保持自然的野性和完整，而是为了使人类能够获得美好的生存环境，以促进人类社会的可持续发展。也就是说，我们保护自然的根本目的是“以人为本”，它与生态中心主义所坚持的立场是截然不同的。

马克思的生态思想包含着丰富的辩证法。一切自然存在，都不是纯粹的自然存在，而是已经在经济上被分割过，从而被占有了的自然存在。这时，自然存在的结构问题是辩证法的问题，还是非辩证法的问题呢？马克思认为，自然问题成为离开了实践的纯粹经院哲学的问题。无论是从哲学上考察，还是从自然科学上分析，我们对自然的理解是与实践维度对自然的作用紧密联系在一起的。在马克思那里，物质概念与自然概念经常是互换的，但这些理论具有明显的实践性特征。所以，他主要不是从思辨的角度去规定物质的属性，而主要从经济属性角度去考察。在《哥达纲领批判》中，马克思、恩格斯把自然作为“一切劳动资料和劳动对象的第一源泉”来对待；在

《资本论》中，他们把自然作为"不变资本的物质存在形式"来看待，即作为人和归属于人的生产资料所施与的对象来看待。因为人类具有主观能动性，所以自从人类产生之后，自然就成为具有辩证法的自然，而人也成了具有"自然力"的人，与自然本身具有一定的对立性。于是，劳动资料与劳动对象在人的劳动中被合二为一，自然也因此成为主客体的统一体。由于人的主观能动性的发挥，使得自然界越来越成为满足人类需要的存在，所以自然界的外在性逐渐被弱化。因为人与自然的关系是以人与人之间的相互关系为前提的，所以，人的劳动过程就是自然界的演化过程，自然界的辩证法也因此成为一般意义上人类史的辩证法。

（三）自然观和历史观的有机结合为生态文明建设提供了具体的实践途径

马克思的生态思想包含着人与自然相统一的社会历史形式。人与自然关系的发展体现在人与人之间社会关系的发展上，因此，人与自然之间和谐关系的实现，必须以人与人之间和谐关系的实现为前提。马克思认为要实现这种和谐关系，必须要消灭剥削制度以及存在于其中的剥削关系，使人与自然之间的物质交换实现平衡，而不是成为一种盲目力量来统治人类。这就告诉我们，要实现人与自然矛盾的真正和解、化解今天的生态环境危机、建设生态文明，就需要对生产方式、消费方式甚至是技术的发展模式进行根本性变革。

第一，转变经济增长方式，大力发展绿色经济和循环经济。虽然改革开放促进了我国国民经济的高速增长，但同时也带来了资源能源方面的危机。另外，我国长期实施的粗放型经济增长方式，不但造成了资源的严重浪费，而且产生了大量废弃物，污染了环境。所以，改变传统的经济增长方式，大力发展绿色经济和循环经济理应成为新时期经济发展模式的最优选择。第二，转变不合理的消费方式。消费问题是涉及民生的基本问题，所以，在消费过程中出现的矛盾理应引起我们的足够重视。必须明确的是，人消费的目的不是满足自身各种膨胀的欲望，而是为了保障人与社会的正常发展，这是消费最基本的价值尺度。因此，我们必须反对那种为了满足变质的欲望而对自然乱采滥伐和肆意污染的行为。第三，促进科学技术的生态化转向。科学技术在经济发展和社会进步中的重要性不言而喻，利用得好，可以造福于人类。但是科学技术也有不利方面，利用不好，会危害人类。我们必须从传统科技至上的思想中解放出来，抛弃那种认为科技是人类征服自然的最好的工具的想法。高科技及其产品的大量产生，吞噬了过多的自然资源，同时也在制造着太多自然无法"消受"的垃圾，最终导致了大自然对人类越来越多的报复。所以，我们应该超越传统科技观，促进科学技术的生态化转向，以实现自然、人、社会的协调发展，建设好生态文明。

三、以人为本与生态文明建设

人是最为宝贵的资源。无论是全面建成小康社会，还是构建社会主义和谐社会，以人为本都是根本的出发点和落脚点。生态文明建设同样如此。生态文明建设必须坚持以人为本，离开以人为本谈生态文明建设是没有意义的。以人民的根本利益和人民群众的力量为本，是我们建设生态文明应该遵循的核心理念或根本原则。随着现代工业化的不断发展，物质产品极大丰富，人民群众的生活水平得到了很大提高。但同时负面效应也随之而来，环境污染、资源减少、分配不公、群体性事件等问题大量出现。特别值得一提的是，受“以物为本”“以钱为本”理念的影响，社会上出现了人被“物化”成金钱或财富的附属物的现象，成为金钱或财富的表现形式和实现手段，人们在技术、理性和物质财富中迷失了自我。面对日益严重的生态危机以及大量出现的社会问题，人们对片面追求经济增长的传统发展观开始重新审视，这是当今时代人们改造客观世界与改造主观世界有机结合的最好表现。我们既要追求经济效益，又要讲求生态效益；既要保持经济的增长，又要改善人们的生活。

（一）生态文明视域下的以人为本

1.以人为本是生态文明建设的必然要求

一个社会的发展进步不仅表现在这个社会的物质财富和精神财富的创造上，而且表现在社会成员的思想境界和道德情操的提升上。以人为本，实现人的全面发展，就必须提升人的思想境界和道德情操，自觉地把对“生命”的尊重置于重要的位置。

一方面，尊重人的基本生存和文化需求是以人为本的内在要求。作为自然界中高级的有生命的社会存在物，人需要基本的生活必需品来维持其生命，如衣、食、住、行等方面的需求，这是人类生存的前提。只有在这些需求得到满足的情况下，我们才能进一步论及人们生活水平与健康水平的提高，才能推进和谐社会的建设。但是在满足人们生存需求的同时，我们也要关注人们的精神文化需要。人的生存需要与精神文化需要是密不可分的，因为人不但具有从属于自然界的生物属性，而且具有从属于社会的文化属性，后者恰恰是人之为人的特性之所在。以人为本是生态文明建设的内在要求，所以，在促进人的全面发展的过程中，生态文明建设除了应该满足全体人民的基本生存需求之外，还应当满足人民群众的文化发展需求。另一方面，自觉地尊重其他生命的存在和价值本身就是以人为本内涵的重要拓展。20 世纪 30 年代，法国生物学家阿尔伯特·史怀泽就认为，一切生命都有生命意志，但相对于其他动物，人的生命意志表现得最为强烈，也分裂得最为痛苦。因此，我们不仅能够与人，而且能够与一切存在于我们周围的生物发生联系，既要关爱它们的生命，也在危难之中求助于它们。随着生产力水平的不断提升，我们有能力在以人为本、人的全面发展方面实现史怀泽眼中的新"文艺复兴"，把人的思想情操和道德关怀的对象扩展到人之外的自然万物。我们坚决反对那种肆意掠夺自然、污染环境的行为，而以更加文明的方式对待自然环境。这既是以人为本、人的全面发展的体现，也是衡量生态文明状况的尺度。

2. 以人为本是生态文明建设的本质所在

生态文明的建设和发展离不开人们思维方式的转换，特别是在承认和尊重自然的内在价值方面更是如此，这是生态文明赋予以人为本的本质所在。以人为本思想告诉我们，在生态文明的建设框架内，我们需要把重心聚焦于人，以培养人更加高尚的境界。在处理人与自然的关系时，人们不应该只考虑自身的利益，张扬自身的内在价值，还应该关注人之外的自然万物乃至整个的生态系统，承认并尊重这些事物的内在价值。这是因为：第一，人类的生存和发展都离不开自然界生态整体系统功能的正常发挥。作为自然界的产物，人们需要不断地与自然界进行物质、能量和信息的交换，才能够生存发展下去。一旦这种交换断裂，或者交换成为不平等交换的时候，特别是当自然界的生态系统发生紊乱时，人在生物、物理、化学方面的功能也将会发生紊乱，这是自然界和人类相互作用的表现。所以，人类要想维持自身功能的正常发挥，就必须维护好自然界生态系统的健康。第二，自然界中每一个事件都会对自然整体产生这样或那样的影响。如果人们认识到这一点，那么在涉及自然的相关决策时，就会变得谨慎而合理，对自然的破坏程度也会相应降低。改变笛卡尔式的主客二分的思维方式，立足于自然界本身生态系统的角度去审视人与自然的责任权利关系，无论是对生态文明建设，还是促进以人为本及人的全面发展都具有十分重要的意义。第三，任何事物都是相互联系的，不论是直接的还是间接的，这是我们从生态危机的严酷现实中得出的教训或结论。传统的人类中心主义只把自然看成资源或工具手段，所以对自然的开发和利用大大超过了自然的承受限度，导致了生态危机。事实证明，尊重自然的内在价值，不但没有贬低反而提高了人的价值，这既有利于生态危机的解决，也有利于和谐社会的建设。因为这一步使人"认识到我们行为选择的自由是被'自然界整体动态结构的生态阈限所束缚'并且'必须保持在自然生态系统价值的限度内'，是人类进化过程中又一个具有决定性的一步"[①]。只有当人类真正意识到人对自然界的根

① 李春秋，陈春花．生态伦理学[M].北京：科学出版社，1994.

本依赖性，并深切认同人类是自然界中一员的时候，才能够在处理人与自然关系时真正为了实现以人为本而努力，才能够从生态文明的视角去把握和落实以人为本、人的全面发展在思维方式上的变革。

3. 以人为本是生态文明建设的出发点和归宿

一种新文明形态的产生，应该建立在对旧文明形态的批判继承而不是践踏的基础上，新文明形态的产生必须有利于人类生存环境的维持和改善，有利于社会的稳定、安全以及人的全面发展，有利于人类的可持续生存与发展。那些只是在某个时刻、某个方面、某个领域满足人类需求的发展，并不是真正的以人为本。生态文明建设关注人与自然之间的整体性发展，关注人类社会的当前与长远利益，关注人类自身利益的保持和发展。所以，生态文明必然是以人为本的。

以人为本是科学发展观的核心，也是对马克思主义人本思想的继承与创新。其最终目的是落实为人民服务的宗旨，满足人民群众不断增长的物质和文化等方面的需求，以促进他们的全面发展。从唯物主义历史观和价值论的高度出发，科学发展观确立了发展的价值目标，就是“发展为了人民、发展依靠人民、发展成果由人民共享”[①]。以人为本是生态文明建设的出发点和归宿。也就是说，生态文明建设的出发点和落脚点是最广大人民群众的根本利益，一切为了广大人民的根本利益而努力。生态文明建设能否顺利开展，在于它是不是围绕着人们的物质、精神、环境等多方面需求的满足，是不是围绕着促进人的全面发展而展开的。在生态文明建设过程中，物质、文化与服务的大量丰富，生存与发展需求的满足，经济与社会的全面推进，人的全面发展的展开，正是以人为本的表现。所以，生态文明建设把人的全面发展作为发展的终极目标，把以人为本作为人们实践活动的指导思想与评价标准，这与科学发展观是内在统一的。

（二）社会主义与生态文明本质上的一致性

1. 社会主义基本制度是生态文明建设的首要前提

人类文明的每次变迁，都是在人类的生存发展陷入困境和力图摆脱困境的矛盾斗争中实现的。当今人类的生存和发展面临着资源枯竭、能源短缺、气候变暖、环境恶化的威胁，已经不允许人类继续按照西方传统的工业文明模式发展了，必须要有所改变。并且这种改变不是浅层表面的、修修补补式的，而是一种根本性、彻底性的变革。科学发展观就是为适应这一客观趋势提出来的。它倡导的科学发展不仅包括经济

① 中共中央文献研究室．十六大以来重要文献选编（下）[M]．北京：中央文献出版社，2011.

方面，也包括政治、文化、社会、生态等方面，是各方面的综合协调与可持续发展。科学发展观的科学内涵和社会主义生态文明的内在要求是一致的，生态文明是社会主义新型发展理念在人与自然关系领域里的具体体现。社会主义的全面协调可持续发展不能缺少生态文明这一重要方面和关键环节。

从社会制度入手分析人与自然关系的异化是马克思主义的一个基本观点。马克思早在《1844年经济学哲学手稿》中就对生态问题进行了探讨，认为人与自然关系异化的社会根源在于不合理的社会制度，在于私有制的存在及人与人之间关系的对立。在《资本论》中，马克思进一步指出："社会化的人，联合起来的生产者，将合理地调节他们与自然之间的物质变换，把它置于他们的共同控制之下，而不让它作为盲目的力量来统治自己；靠消耗最小的力量，在最无愧于和最适合于他们的人类本性的条件下来进行这种物质变换。"[①] 马克思主义创始人告诉我们，分析生态问题不仅要从自然角度出发，还要从社会角度出发，将这个问题放在从资本主义向共产主义过渡的历史进程中加以把握，才会不失偏颇。社会主义和资本主义两种社会制度的优劣，不仅要看谁的生产力发展水平高，还要看谁更能实现社会公平正义和共同富裕，谁更能实现经济社会的可持续发展和人的自由全面发展，谁更能促进人与自然、人与社会的和谐，等等。生态文明与社会主义相结合的优势在于，实行生产资料公有制和按劳分配的经济制度以及人民当家做主的政治制度的社会主义国家，不以追求利润的无限扩大为目的，而以实现人民大众的根本利益为立足点和出发点，以经济社会的全面协调可持续发展和人的自由全面发展为其目标。生态文明与社会主义基本制度相结合为我国的发展提供了新的更高的平台，是我们跳出传统工业文明发展模式，走生产发展、生活富裕、生态良好的新型文明发展道路，建设资源节约型、环境友好型社会的必然要求。

2.建设生态文明是中国特色社会主义的应有之义

所谓中国特色，就是指我国的民族特性、历史传统和现实情况，特别是指我国社会主义初级阶段的基本国情。由于我国自然禀赋不足，以及目前面临能源短缺问题，要求我们必须走一条生态文明和工业文明共同发展的新路，在关注经济、政治、文化、社会发展的同时，关注生态环境的保护。否则，工业文明的成果没有享受到，反倒会破坏中华民族生产和发展的基础。社会主义国家要保持经济持续快速发展，创造出丰富的物质产品，离不开生态文明建设。社会主义物质文明的发展，要求转变传

① 马克思.资本论[M].姜晶花，张梅，译.北京：北京出版社，2012.

统的工业文明发展模式，走可持续的生态文明发展之路，使经济发展和人口资源、环境、相协调。当经济发展成为一种可持续的发展，成为一种既关注局部又关注全局、既关注当代又关注将来的发展时，解放生产力、发展生产力才会有深厚的物质基础。之所以这样说，是因为我们的发展在资源、能源、环境、人口等方面都遇到了前所未有的挑战。因此，转变发展方式成为一种必然选择，与之相应的生态生产力也呼之欲出。这种生产力是一种低消耗、低污染、高效率、高质量的生产力，与我们提出的可持续发展战略相吻合。可持续发展战略是一种把握发展规律、创新发展理念、转变发展方式、破解发展难题的战略，是一种提高发展质量和效益，实现又好又快发展的战略。这与社会主义生态文明建设的基本要求是高度一致的。

（三）生态文明为以人为本提供现实保障

1. 提供物质条件

人是自然界的产物，所以自然界具有先于人类而存在的特质，这些特质是不以人的意志为转移的。作为自然界的一分子，人类的生存和发展离不开自然界及自然界中的动植物、阳光、空气等，这些构成了人类生活的物质内容，是人类生存和进一步发展的前提和条件。“自然界是人为了不致死亡而必须与之处于持续不断的交换过程的人的身体。所谓人的肉体生活和精神生活同自然界相联系，不外是说自然界同自身相联系，因为人是自然界的一部分。”[①] 这就是说，人们的全部生活都要仰仗于自然界的恩赐，包括物质生活和精神生活在内；如果人们离开了自然界，将会是一种不能够存在、也无法描述的状态。因为包括人的肉体在内的物质都是自然界的一部分，离开了自然界，就是离开了人类自身，而一个人离开了他自身又该如何生存呢？这是一个不言自明的真理性问题。但是，似乎现在世界上的人们已经忘记了这一点，俨然以凌驾于自然之上的主人自居。人们在破坏着一刻也离不开的自然界，其实就是在破坏着人类自身。人们在生存和发展的过程中，一方面从自然界中获得直接的生活资料，如阳光等；另一方面又从自然界中获得了产生和维持人的生命活动的材料、对象和工具，如土地等。并且，相对于其他动物来说，人们对这些资料的需求数量和程度是最大的。从宏观角度来看，人类文明的发展历史其实就是人类不断地利用和改造自然的历史。随着人类对自然认识的加深，人们创造出了相应的生产工具。当然，生产工具不是人类凭空变出来的，而是取材于自然界，利用相关的自然材料制造出来的。于是，在新的生产条件下，人类又开始了新的认识和

---

① 陈征，李建平，郭铁民.《资本论》选读[M].北京：高等教育出版社，2003.

改造自然的实践，以满足人类的需求，推动社会的发展。但是，我们必须注意，人类在利用自然的同时，也在破坏着自然。生存环境一旦被破坏，人们就无法正常生存发展。改革开放为我国的经济发展注入了新的活力，促进了社会主义现代化建设，也提高了人民的物质文化生活水平。但是，作为照搬苏联和西方工业社会生产模式的代价，我们付出的是我们的生态环境。生态危机危及人们的生存与发展、健康与安全，如果不能有效地处理这些问题，以人为本就失去了它的意义，人的全面发展就成了空中楼阁。因此，只有建设好生态文明，实现人与自然的和谐相处，社会的可持续发展才会获得良好的物质条件和环境支持。

2. 提供精神动力

人与动物的重要区别之一，就是除了物质生活之外，人还需要精神生活。因为作为自然界中的高级存在物，人的活动往往是一种有意识、有目的的活动。无论是人们智慧的开发，还是情感意志的变化、审美情趣的激发，无不依赖于大自然的"馈赠"。马克思指出："植物、动物、石头、空气、光等，一方面作为自然科学的对象，另一方面作为艺术的对象，都是人的意识的一部分，是人的精神的无机界，是人必须事先进行加工以便享用和消化的精神食粮。"① 这时，作为人们生活情景的对应物和艺术创作的源泉，自然物出现在了人们的生活之中。在一个环境优美、鸟语花香的情境之中，人们的思维方式、生活方式和心理活动等都会朝着健康的方向发展。生态文明对人们思维方式的转变起着重要的推动作用，使人们在追求经济利益的同时，更加尊重自然规律，更加关注人与自然和谐关系的实现。生态文明对人的身心健康与人际关系的和谐起着重要的调节作用。"安全、健康、舒适的生态环境有益于人类的身心健康、精神愉悦。良好的生态环境还为人们提供客观审美对象，唤起了人们的审美情趣和美感，净化着人们的心灵世界。不能想象一个生活于肮脏环境的人，会产生献身工作的热情。"② 所以，良好的生态环境不但有利于人的身心健康，也有利于人际关系的调节和优化，从而推动着现代化的发展和文明的跃进。同样，生态文明建设也离不开人们观念的更新，也需要人民形成"以人为本""可持续发展""自然有价"等全新的思想理念。只有当人们充分认识到生态环境在人类发展中的重要性时，才能够发自内心地去珍爱环境、珍爱自身，也才能够自觉地把自己置于生态系统整体和全人类利益的背景下去思考。也只有如此，人们才能够形成超越阶级和国家、超越民族情感和政治意

① 中共中央马克思恩格斯列宁斯大林著作编译局. 马克思恩格斯文集：第 1 卷 [M]. 北京：人民出版社，2009.

② 姬振海. 生态文明论 [M]. 北京：人民出版社，2007.

识的共识，不同的民族和文化之间才能够进行自觉的对话，消除隔阂，减少摩擦，增进理解，促进人类文明共同发展。

3. 提供政治保障

以人为本的实践过程是一个具体的、动态的历史过程。这种过程表现在，它既是合乎规律和目的的发展过程，又是自然环境的现实发展过程。在人与自然之间既有着基本的认识关系与实践关系，也有着重要的价值关系与审美关系。人们进行实践活动、改造自然的目的，就是要满足人们的某种需要或实现某种价值，这种情况体现的是作为客体的自然对作为主体的人类的价值。如果从相反的角度思考，人们的实践活动已经受到了既往的某种价值目标的影响，在这种情况下，人们对自然客体的选择和确定，对自然客体满足主体需要的属性的把握，就成为人们的价值和审美选择的尺度。人类认识自然和改造自然的实践活动，是人与自然之间互换和满足的过程，通过互换和满足，人的主观能动性得到了充分发挥。随着人们认识自然手段的增加、能力的加强以及实践活动的深入展开，人们发现自然客体对于人类主体具有了越来越多的新的价值，正是这些价值的被“发现”和一些价值的“未发现”，构成了“以人为本”、人的全面发展的重要内容和内在动力。作为一种新文明形态，生态文明的建设状况影响着社会的发展，若生态问题处理不好，更容易引发大的政治问题。卡特在他的《表土与人类文明》中指出，绝大多数地区文明的衰落，缘起于赖以生存的自然环境的自然资源受到了破坏，由于过度使用土地及破坏植被，表土的状况恶化使生命失去了支撑能力，导致所谓的“生态灾难”。当今世界，生态危机依然严重，环境问题已经成为世界各国普遍关注的焦点。当然，我国也不例外。从 1998 年的洪涝灾害，到禽流感和“非典”，再到口蹄疫和“H1N1”等，无不吸引着全社会的目光，引起人们对生态安全的思考。生态安全呼唤生态文明建设，生态文明建设能为社会和人的发展提供政治支持。一方面，生态文明建设有利于人们重新定位自身的政治角色，明确自己“政治人”的责任，确保环境权、生存权与发展权的实现。另一方面，生态文明建设也有利于人们监督政府的决策及其实施情况，促使政府的决策朝着科学化、民主化的方向迈进，从而促进以人为本的实施和人的全面发展的实现。

四、可持续发展与生态文明建设

（一）可持续发展对生态文明建设的指导作用

科学发展观的精神实质是与时俱进，为满足时代与社会需求而做出的深刻转变。传统发展模式中的经济、社会、生态相脱节的现象带来了经济增长、社会公平、环境保护之间的对立，科学发展观要求对生产模式进行变革，消除这些分离和对立现象。新发展模式强调经济、社会、生态的整体性，强调公平正义和未来发展，要求人们澄清把物质财富的增加等同于发展的错误观念。在我国半个多世纪的发展中，我们采用的是西方工业化国家曾经和现在仍然实施的发展模式，以大量的自然资源与环境代价换取短暂的经济增长。我国之所以现在面临严重的生态危机，与以前对这种发展模式的选择是脱不了干系的。现在，我们选择科学的生态化发展模式，表明我们的发展不是黑色的发展而是绿色的发展，我们的崛起不是黑色的崛起而是绿色的崛起。我们必须要实现工业与城市的生态化转向，使它们与自然环境相耦合，使发展与环保"双赢"。

1. 把握好可持续消费与两型社会的关系

相对于生产活动来说，消费似乎处于一个比较次要的地位，这种认识有失偏颇。消费对于人类社会的发展，特别是对我国节约型社会建设有着重要影响。在某种意义上，西方发达国家的发展其实是消费主义大行其道，不断扩张的结果。在传统发展模式中，经济增长占据着主导地位，而为了保持经济的持续增长，必然要对消费提出更高要求，必然要想方设法刺激消费者的消费欲望。这样，人们考虑经济的发展不是从生产的可能性方面，而是从如何刺激消费需求方面，因此，对人们的消费需求和行为的刺激就成了促进经济发展的重要手段。从现代化的经济体系来讲，生产者要想实现利润的最大化，就要实现消费者效用的最大化，而这些都离不开消费需求这个经济发展的动力基础的保障。新产品在进入人们的消费视野之后，人们的消费内容就会相应地发生改变，新产品就成为人们生活中不可或缺的一部分。随着经济的不断发展，传统意义上的"基本需求"范围在不断扩大，不断深化。

人类的生存离不开消费，而人们的消费行为对生态环境产生着直接或间接的影响。可以说，人们的消费活动每时每刻都存在，每个人、每个地方都在发生，是一种最普遍和最经常的行为。根据能量守恒定律，人们在进行消费活动时，也消耗着自然资源，污染着自然环境；虽然人们的消费体现出分散性特征，但这种分散行为的汇总结果却是大自然资源和环境的消耗，而正是这些看似零散的消费行为带来了严重的生态危机。受经济发展和不合理消费观念的影响，消费呈现出异化趋势。当人们不再为了生存而苦恼时，过度消费现象就会尾随而来，以至于社会上出现了以消费数量和方式来定位人的社会地位的情形。这时，人们追求的已经不是维持自身肉体需要的满足，而是变成了一种扭曲的精神满足，人们在"黄金宴"上吃的不是黄金，而是在吃虚荣心。生产力的快速发展使人们获得更加高级的产品和服务成为可能，但是也加速了自然资源的消耗与环境的污染。并且，高科技的发展加深了一些人的科学主义至上的信条，误以为只有人想不到的东西，没有科学技术办不到的事情，技术可以为生态危机找到最后和最好的出路，人们大可不必担心生态问题。当然，我们肯定这种乐观主义态度，它可以使人勇于面对困难和挑战，但是，它也使人们变得自私和盲目，反而在一定程度上不利于生态危机的解决。对传统消费模式的超越是科学发展的必然要求，也是生态文明建设的重要内容。我们正在致力于建设两型社会，而节约的源头首先体现在消费领域中人们消费行为的选择上，变传统的非持续性消费为可持续消费是实现两型社会的根本手段。所谓的可持续性消费，是指在人们的基本生存需求得到满足的前提下，在人们的生活水平和消费层次不断得到提高的前提下，适度控制人们对非必需品消费的需求；同时，适当提高非物质产品在人们消费中的比重，丰富人们的消费内容和消费方式。无论是资源节约型的消费，还是环境友好型的消费，都应该成为我们未来消费行为的首选。

2. 把握好全面协调可持续发展与生态文明实践建设的关系

只有在深刻把握可持续发展本质的基础上，我们才能有的放矢，制定出切实有效的可持续发展措施。可持续发展的目的是使人类赖以生存和发展的自然界能够健康发展，更好地为人类服务，而生物多样性、生态功能区的大小是生态系统稳定的表现，人类生存条件完备的象征，也是人类社会得以生存和发展的物质基础。生物多样性是自然界生态系统复杂的表现，是系统中物质流、能量流、信息流转换强度和效率的表现。也就是说，当自然界中的物种越来越多，食物链组成越来越复杂的时候，任何外来的干扰都会被弱化。所以，人们就把生态系统的稳定性形容为物种多样性的函数。这个函数是生态系统的规律性表现，也是人类活动必须要遵循的。而自然界生态功能区的大小也反映着人类活动对自然生态系统干扰的大小，它们之间是一种负相关的关系。但是，无论是生物多样性，还是生态功能区，它们在人口和经济活动的双重压力下，正在日益萎缩，成为威胁人类社会持续发展的重大问题。要想把这种威胁降低，有必要在环境保护方面采取全球性的合作与行动。可持续发展举措的制定和实施反映着对其本质的深刻理解和把握。当然，我们一方面要加强对濒危动植物、原始森林、自然湿地的保护；另一方面要加强对人工森林覆盖率、人工湿地覆盖率的重视，两手抓，两手都要硬，避免一手软、一手硬的情况发生。我们要保护濒危物种，最根本的是要保护濒危物种的生存环境不被破坏。也就是说，要保护人类自身的生存环境的健康发展。大熊猫是珍稀动物，保护大熊猫不应把它放在温室里面，而应保护它们的栖息地。我们可以人工培育一些环境，但更根本的是人类在生产活动中对天然生态环境的珍惜。这一点大家都清楚，人工化的生态系统是不能够与天然生态系统相比的，也无法达到天然生态系统的功能。

在分析可持续发展时，我们特别要注意两个概念：需要和限制。“需要”指涉的是“现在”维度，是指对解决现实生活问题的紧迫性，特别是落后国家贫困人民的基本需要。可持续发展要优先考虑发展中国家人们的基本生存需求，如衣食住行等。人们的基本需求不但要满足，而且还要有一定程度的提高。“一个充满贫困和不平等的世界将易发生生态和其他的危机。可持续的发展要满足全体人民的基本需求和给全体人民机会以满足他们要求较好生活的愿望。”“限制”指涉的是“未来”的维度，是指对技术和利益集团在利用自然环境来满足当前和未来需要时进行限制的做法。但是，限制的效果与影响力取决于人们是否以一种新的伦理思想作为行动指南。我们在增强物质基础、科学基础、技术基础的同时，也要指引人类心理的新价值观和人道主义愿望的形成。因为无论是知识还是仁慈，它们都是人类“永恒的真理”，是人性的基础。生态文明建设、可持续社会的发展离不开新的社会道德观念、科学观念和生态观念的影响，而这些思想观念的产生却是由未来人类的新生活条件所决定的。也就是说，忽视了同代之间的公正性，不是社会可持续发展的本义；丢掉了未来社会的代际公平，也不是社会可持续发展的正确选择。

3. 把握好全面协调可持续发展与生态文明制度建设的关系

生态文明建设、社会可持续发展，既依靠人们对自然界所秉持的理念和行为原则的革新，也依靠与自然相适应的生态化制度建设。生态化的制度建设要以可持续发展理念为指导，以人、社会、自然之间的法律关系为内容，着力于人与人、人与自然之间关系的规范和调整，使制度也迈向“生态化”。

全面协调可持续发展的制度建设应该坚持以下几个原则：第一，要坚持“自然生态系统”权益不容践踏的原则。传统法律及制度建设的目的是维护自然人、法人与国家的权益，而可持续发展的制度化建设则把“自然生态系统”人格化，赋予它以权益，尊重并且承认这种权益，把权益的主体扩大到了人之外的自然万物。第二，要坚持代际平等的原则。涉及生态环境的制度化建设应该体现出当代人与后代人关系的“代际性”特征。在满足当代人的生存和发展需求时，社会的生产与生活方式不应该危及后代人的生存和发展。国家应建立起维护代际平等的相应法律及其制度，包括对自然资源环境的拥有与使用的权利。我们不能够因为后代人所具有的虚无性特征，就置人类社会的可持续发展于不顾。选择那些可以为后代人谋利的个人及团体为代表，参与国家和地方相关政策的决策和实施是可行的解决方法。第三，要坚持预先性原则。“事后诸葛亮”的做法尽管有利于经验与教训的总结，但是相对于环境问题来讲，却失去了它的积极意义。特别是对于影响比较大的工程项目规划及新产品推广更要注意，因为很多事情一旦发生，其损失是无法估计也无法挽回的，比如对生态系统的破坏就是如此。所以，我们应该学会“事前”调整，采取保全措施，中止可能的侵害行为，尽可能把不好的苗头消灭在萌芽状态。第四，要坚持环境权的原则。环境权思想是指作为生态环境法律关系的主体，既享有健康和良好生活环境的权利，也享有合理利用自然资源的权利。“生态环境权所保护的范围包括各主体的健康权、优美环境享受权、日照权、安宁权、清洁空气权、清洁水权、观赏权等，还包括环境管理权、环境监督权、环境改善权等；权利主体包括个人、法人、团体、国家、全人类（包括尚未出生的后代人）；权利客体则包括自然环境要素（空气、水、阳光等）、人文环境要素（生活居住区环境等）、地球生态系统要素（臭氧层、湿地、水源地、森林、其他生命物种和种群栖息地等）。”

可持续发展应该包括对全球性可持续发展的维护。在发展经济时，人们应该尽量避免由于科技和经济实力的差异带来的不公平的“生态殖民”现象，避免一些国家把其生产与贸易的外部性环境影响转嫁到他国的做法，避免大气、地下水等资源在使用上的“公有地悲剧”的发生，也避免对非再生资源的掠夺与毁灭性使用的代际不公平现象的发生。地球上的每一个国家，都应在享有全球性生态利益的同时，负起对自然界生态环境进行补偿的义务，为人类也为自然生态系统的维护贡献力量。作为最大的发展中国家，中国在面对影响全球生态环境问题时，丝毫没有退缩或避让，而是勇于担起责任，在维护地球生态和人类整体利益方面，发挥着重要作用。

（二）生态文明建设促进经济社会的可持续发展

1. 生态文明体现着可持续发展的基本要求

生态文明建设提倡人、自然、社会之间的全面协调发展。人是自然界的一分子，人与自然之间能否实现和谐发展是生态文明研究和建设中的重大问题。从人类出现后，人与自然之间就形成了一种相互依存关系，生存环境的好坏直接影响着人类对自然的利用和改造，自然界的状况也影响着人类的生存和发展。人们为了满足膨胀的欲望而对自然中的生物种群采取毁灭性的开发利用，会引起自然界生态系统的破坏，导致环境资源的枯竭，尽管人类的“智巧”很高，但巧妇难为无米之炊，最终危害的是人类自身。生态文明建设要求我们重新认识和把握人与自然的辩证关系，学会尊重和保护自然界的生态环境，用整体性眼光，用相互协调的机制来重新定位和调节人的思想观念，以维护正常的生态秩序。而人与人关系的生态化是人与自然关系的生态化的前提，人与自然关系的生态化反过来又作用于人与人关系的生态化过程。相对于自然来讲，人不是自然的先行者或主宰，而是后来者，人的价值追求不但要考虑人类本身的满足和发展，更要考虑自然所能容纳的程度和范围。只有人与自然的关系和谐，人类才能获得长久的健康和幸福。从人与社会的关系看，生态文明认为，社会整体的健康发展离不开生态环境的健康发展，生态环境是人类社会其他文明得以存在和发展的基础和前提，没有生态文明，就不可能有物质文明、政治文明、精神文明、社会文明的高度发展，也不会有人的全面发展。

从语义上讲，"协调"中的"协"和"调"同义，都具有和谐、统筹、均衡等富有理想色彩的哲学含义，"协调"即"配合得当"，即尊重客观规律，强调事物间的联系，坚持对立统一，采取中正立场，避免忽左忽右两个极端的理想状态。从语用上讲，"协调"一是指事物间关系的理想状态；一是指实现这种理想状态的过程。社会的发展不是纯粹意义上的经济增长，而是指社会的整体性发展和进步，包括社会与自然两个方面。从宏观上理解，科学发展观理念中的协调对象包括人与自然、经济与社会；其中人与自然的协调发展，包括政治文明、物质文明、精神文明、社会文明与生态文明的协调发展，也包括城乡、区域之间的协调发展。科学发展观要求物质文明的进步，即经济的发展；要求政治文明的进步，即民主权利的提高；要求精神文明的进步，即人民精神文化生活的丰富；要求社会文明的进步，即社会和谐，人际关系良好；也要求生态文明的进步，即人与自然的和合共生。正如胡锦涛在十六届三中全会《中共中央关于完善社会主义市场经济体制若干问题的决定》中提出的"统筹城乡发展、统筹区域发展、统筹经济社会发展、统筹人与自然和谐发展、统筹国内发展和对外开放"的新要求，蕴含着全面发展、协调发展、均衡发展、可持续发展和人的全面发展的科学发展理念。也就是说，科学发展观追求的是物质文明、政治文明、精神文明、社会文明和生态文明的协调一致，共同发展。从微观上理解，科学发展观致力于人与人关系的协调发展、社会各阶层利益的相互协调，以及个人德智体美劳等的共同发展。生态文明认为，自然界是一个有机联系的系统整体，是各组成部分之间的动态协调发展过程。人们在追求经济社会发展的同时，也要维护自然界的健康发展，以确保人与自然的共存共荣，而不是共同灭亡，这是科学发展观协调性内涵的深刻体现。所以，作为正确处理人与自然之间和谐关系的重要变革，生态文明是人与自然关系的进步状态，也是人、自然、社会之间协调发展的自然写照。

生态文明是科学发展观中全面协调可持续发展的集中体现。科尔曼认为，所谓的可持续社会，"它不是一意孤行地把人力资源和自然资源化为资本，而是把人从残酷竞争的异化中解放出来，让人有时间、有机会继续接受教育和从事探究活动，从而打开人类想象与创造的源泉。可持续性作为这一社会的基石，人应该理解到，可持续性不仅意味着尊重自然环境，而且意味着公平地分配经济的和社会的报酬和机会，这样，所有的人都能休戚与共地奔向共同的未来”。这就是说，发展既要立足于对当代人需要的满足上，又不能吃祖宗粮，断子孙路。必须要为子孙后代的持续发展留下余地，这是可持续性发展理念中资源的永续利用与人类代际公平的体现。科学发展观主张控制人的消费水平与生产规模，以确保自然资源的支持和环境容纳能力的正常发挥，其宗旨就是要确保人类能够长久而且幸福地生活在地球上。生态文明建设要确保人口、资源、环境、社会之间的协调和持续发展，使经济建设与资源环境之间实现良性循环，走出一条生产发展、生活富裕、生态良好的科学发展之路。

2. 以生态文明建设促进经济社会的可持续发展

生态文明是对以往人类文明形态的超越，它蕴含着丰富的可持续发展思想，科学发展观只有在吸收了生态文明的有益成果的基础上，才能真正成为指导发展的科学理论。

第一，可持续发展应该吸收生态文明的系统性、协调性思想为自身服务。可持续发展的取向表现在两个方面。一是以代际平等为主要内容的未来取向，要求当代人不能够透支后代人赖以生存的生态环境资源。代际公平是可持续发展原则的一个重要内容，是当代人为后代人的利益保存自然资源的需求。这一理论最早由美国国际法学者爱迪·B. 维丝提出，它体现的是人的自律精神。当代人在满足自身发展需求的前提下，也要为后代人创造一个美好的生态环境，而不是留给他们一个垃圾场，这是纵向负责精神的体现。二是以代内平等为重要内容的整体取向，这是横向负责精神的体现。代内公平也是可持续发展原则的一个重要内容，它是指同一代人，不论国籍、种族、性别、经济水平和文化差异，都有平等的权利要求良好生活环境和对自然资源的利用。从历史和现状来看，代内不平等的情况非常严重。许多西方国家把他们的富足建立在对落后国家自然资源的剥削和掠夺之上，并把这些落后国家作为自己的“垃圾场”。这就要求一国在开发和利用自然资源时，必须考虑到别国的需求，考虑各个国家如何分担环境保护责任。这种公平，不是绝对意义上的公平，而是从历史和现状来分析的一种公平，那种主张一切国家不加区分地分担环境责任的公平，其实是一种真正的不公平。

第二，可持续发展应该吸收生态文明的哲学与价值理念。生态文明重视人与自然关系和谐发展的重要性，特别指出了人的主观能动性的充分发挥在其中所起的作用。

生态文明理念中的和谐是一种主动和谐，而不是被动和谐；是一种进取式的和谐而不是顺从式的和谐。在人的主观能动性的正确发挥中，实现着人类社会与自然之间的统一。人类与自然之间是一种相互依存的关系，人类的发展离不开自然，自然的发展也离不开人类。只有正确发挥人的主观能动性，才能够推进社会的发展，也才能推动自然的发展，人类的发展和自然的发展相互包含。对社会而言，以生态文明理念为指导的可持续发展，不但是经济的发展，更是作为整体的社会的综合发展；对自然而言，以生态文明理念为指导的可持续发展，不但要求自然资源的增加，更要求作为整体的自然生态系统的良性循环。

第三，可持续发展应该以生态文明的伦理观为指导。把推动社会发展的关键局限于科学技术方面是狭隘的科技至上主义的表现，工业文明虽然带来了社会的巨大进步，但也严重破坏了自然生态环境。科技革命的发展，信息技术的进步，非但不能拯救天空、大地、海洋于化学毒素污染的泥潭之中，反而有变本加厉的趋势；非但不能保护生物的多样性，反而在毁灭着地球上的一切生命，甚至是人类和人类文明自身。科学技术只是人们认识和改造自然的手段，人们在运用科学技术改善生态环境、加强物质建设的同时，更需要新的指导思想来指导人们的行动。生态文明的伦理精神在树立人们的生态意识与生态道德观，舍弃非生态化的生活方式，推进绿色消费方面发挥着重要作用。美国前副总统戈尔认为，生态危机实际上是工业文明与生态系统之间的冲突，是人类道德危机严重性的表现。人类是自然界发展的产物，包括人的生产、生活在内，都离不开自然。可持续发展体现着自然资本、物质资本、人力资本的有机统一，其中，自然资本能否持续发展是可持续发展的物质基础和前提条件，离开了自然资本的持续发展，其他两个资本的发展都无从谈起。

生态文明是人类社会发展到一定历史阶段的产物，是社会进步的结果，人类文明发展的新表现，也是可持续发展的精神支柱。生态文明建设要求人们更加重视自然，同时形成生态化的伦理思想，对人类的行为进行一定约束。解决生态问题需要新的生态文明观作指导，这是可持续发展的关键之所在。特别是对发展中国家来说，更要关注生态环境，避免走西方国家的传统工业化模式的老路，绝对不可先污染，再治理。

第三章 “一带一路”建设与生态文明建设的协同发展

第一节 “一带一路”建设中的生态文明建设现状

关于“一带一路”建设中的生态文明建设现状，可以从陆上丝绸之路和海上丝绸之路两个方面进行分析。

一、陆上丝绸之路生态文明建设现状

陆上丝绸之路所经过的主要为中国和欧洲之间的欧亚大陆腹地，是全球生态问题突出的地区之一。其地理特征是气候异常干燥，降雨量极其稀少，水资源严重不足。地貌形态以沙漠和草原为主，其中沙漠面积占总面积的 1/4 以上。中亚生态环境问题与中国西北地区有很大的相似性与相关度，同时还存在核污染、生物污染、工业污染、地震灾害、土地沙漠化、人口增长过快等问题，其生态脆弱，整体上对于人类活动的承载力也不够强，已成为制约该地区发展的重要障碍。以咸海生态危机为标志，该地区的生态受到空前破坏。

（一）中国西北部地区

第一，我国西北部地区最显著的自然特征是干旱。其原因主要有两个：一是深居内陆，远离海洋，水汽难以到达；二是群山环抱，南部有高大的青藏高原，水汽被阻隔，难以进入。我国西北地区由东向西距海越来越远，降水逐渐减少，以此为基础，自东向西，植被、农业生产也呈现出了不同的特征。

第二，西北地区的农田、村镇、城市的分布呈带状或点状。它们集中分布在黄河沿岸平原、沙漠边缘（山麓）的绿洲，以及铁路沿线的工矿区。这些地方地势平坦、

水源充足，灌溉农业及工矿业发达，而且交通便利。

第三，西北地区的优势与劣势。优势是地域辽阔，土地资源丰富；邻国多，可以发展边境贸易；自然资源丰富，如能源资源，特别是煤、石油、天然气，风能、太阳能，多种金属和非金属矿产资源；农牧资源、旅游资源也十分丰富。劣势是气候干旱，水资源缺乏；风沙大，土地盐碱化，水土资源分配不均衡；交通不便，经济、文化、技术落后，信息较闭塞；生态环境脆弱。

第四，丝绸之路经济带的核心区域——新疆。新疆是丝绸之路上的重要交通枢纽，地缘政治作用明显，与中亚、南亚和欧洲国家接壤，文化相通、宗教相似。资源丰富，区内的石油、天然气、煤炭等资源丰富，农牧业生产较发达，是重要的商品棉基地。同时，由于国家政策优惠，援疆对口帮扶，东西部合作优势明显。天山北麓重点产业集聚区矿产资源丰富，但是深居内陆，交通不便，市场相对狭小。中国正在筹建的中巴铁路，起点是中国新疆喀什，终点是巴基斯坦西南的港口城市瓜达尔。这条铁路的修建连通了中国新疆和巴基斯坦陆路，将为喀什的发展打造物流基础。

第五，古丝绸之路的起点——陕西省。陕西省对外联系历史悠久；地处丝绸之路经济带的中间位置，区际联系便利；区内铁路、公路交通条件较好；已有较好的产业结构和较强的经济实力；教育和科技力量较强；历史文化之地，人文旅游资源丰富。

中国国内有七个荒漠化严重的省份位于“一带一路”沿线，这七个省主要分布在干旱的中国西北部，拥有全国 95% 的沙化土地。

（二）沿线国家的生态环境

据我国国家林业和草原局统计，在“一带一路”建设目前涉及的国家中，超过 60 个国家正遭受着荒漠化、土地退化和干旱的危害。“一带一路”沿线的中亚、北亚、南亚、中东等地区，均不同程度地遭受着荒漠化和干旱的威胁，包括吉尔吉斯斯坦、蒙古、巴基斯坦、埃及等国。

“一带一路”建设包含的六大经济走廊中，有四个走廊带存在不同程度的荒漠化问题。其中，“中蒙俄经济走廊”约 400 千米路线位于荒漠区；“中国—中亚—西亚经济走廊”路线总长超过 6000 千米，大约一半位于荒漠区；“新亚欧大陆桥”（从中国江苏连云港到荷兰鹿特丹），干旱和荒漠是主要的生态约束因素；“中巴经济走廊”的南段，干旱和大面积荒漠分布也是其主要的生态环境约束因素。尽管不同经济走廊及每个走廊的不同分段的主要生态约束性因素不尽相同，但均包括干旱、荒漠、高山、严寒和珍稀生物生态环境保护。

根据中国科技部遥感中心的报告，“中蒙俄经济走廊”严寒区段总计长约 2300

千米，山地区段长约 650 千米，荒漠区段长约 400 千米，且自然保护区广布。“新亚欧大陆桥”全长超过 1 万千米，其中中亚段有长约 1800 千米的生态敏感地段。“中国—中亚—西亚经济走廊”的中国—中亚段 2240 千米穿越荒漠区、360 千米穿越天山山脉，西亚段 820 千米穿越荒漠区、1400 千米穿越山区。“一带一路”沿线陆域自然地理条件复杂，森林、草原、农田等生态系统多样，具有明显的地带性，区域差异大。

“中国—中南半岛经济走廊”北段约 700 千米穿越海拔高于 2000 米的区域，南段有各类自然保护区 259 个。“中巴经济走廊”全长约 3000 千米，其中北段约 940 千米穿越海拔普遍高于 4000 米的喀喇昆仑山脉和帕米尔高原，南段的巴基斯坦南部全长约 490 千米穿越干旱和荒漠区。“孟中印缅经济走廊”全长近 4000 千米，中缅段长约 1500 千米穿越云贵高原和缅甸北部山地，印孟段孟加拉湾地区降水多、洪涝灾害频发，沿线自然保护区分布广泛。

二、海上丝绸之路生态文明建设现状

海洋方面主要指海上丝绸之路沿线的东南亚地区，包括中国的东南沿海城市以及东南亚各国。这些地区主要是热带季风和热带雨林气候，总体为高山峻岭、地震活跃带、岩溶与喀斯特地貌，分布多条国际河流。快速工业化和城市化的环境压力、空气的跨国污染、水资源破坏、热带雨林锐减以及生物多样性减弱、人口膨胀和资源消耗量飙升等问题，严重地影响了区域可持续发展。

此外，海上丝绸之路沿岸国家几乎全是发展中国家，面临着节能减排压力和环境问题困扰。海洋生态问题长期存在，如气候变化、自然海岸线大量丧失、陆源排放过量、生态灾害频发、渔业资源枯竭等。

生态环境安全是国际社会普遍关心的问题，随着“一带一路”建设的推进，沿线国家的生态环境问题将会更加突出。

第二节 生态文明理念在"一带一路"建设中的地位与作用

一、生态文明理念是"一带一路"建设的思想引领

古代丝绸之路和海上丝绸之路是和平、友谊的象征，澳大利亚前总理陆克文说过："Silk Road"很有历史感和感召力。"和平合作、开放包容、互学互鉴、互利共赢"的丝绸之路精神推动了人类文明进步，是促进沿线各国繁荣发展的重要纽带，是东西方交流合作的象征，是世界各国共有的历史文化遗产。中国政府制定并发布的《推动共建丝绸之路经济带和 21 世纪海上丝绸之路的愿景与行动》，让古丝绸之路焕发新的生机活力，以新的形式使亚欧非各国联系更加紧密，互利合作迈向新的历史高度。该纲领描绘了各国成为利益共同体、命运共同体、责任共同体的美好愿景，共迎挑战、共享机遇、共克时艰、共谋发展。

生态文明是人类文明发展的一个新的阶段，是以人与自然、人与人、人与社会和谐共生、良性循环、全面发展、持续繁荣为基本宗旨的社会形态。生态文明建设是实现区域社会经济可持续发展的战略，也是关乎人民福祉和民族未来的重要历史任务，"一带一路"也应成为生态文明建设的具体实践。所以，我们更要肩负历史使命，推进可持续发展，在"一带一路"建设中以生态文明理念为思想引领。

二、生态文明理念是"一带一路"建设的助推器

中国正走向世界舞台的中心，在全球经济治理结构中话语权和影响力不断提升，但同时应承担更多的责任。2015 年，"一带一路"倡议得以落实，这一阶段会面临很多现实问题和挑战。我们要根据不同的国情和不同的双边关系制定相应的战略，在战略制定中，要深入研究各国在节能、节水、应对气候变化、生态补偿、湿地保护、生物多样性保护、土壤环境保护等方面的法律法规，并将中国在生态文明建设中积累的创新成果融会贯通，探索生态文明建设国际合作的新模式和新路径。把生态文明理念融入互联互通、产业投资、资源开发、经贸合作、金融合作、人文交流、海上合作等领域的重点合作建设项目的各方面和全过程，在"一带一路"建设中充分发挥生态文明的助推器作用。

三、生态环境合作是“一带一路”建设的切入点

生态环境不仅是一个自然过程，而且是一个社会问题，主要体现在：生产方式、生活方式、分配结构、国际分工格局影响生态环境可持续。所以我们要以更广阔的视野来审视“一带一路”生态环境问题。共建“一带一路”，各国要共同应对生态环境方面的挑战，包括共同推动技术进步，加快技术扩散速度，以新技术改造生产方式，从源头上解决污染排放问题；把新技术应用于环境治理和生态保护；共同倡导物质简约、精神丰富的生活方式；推动更加平衡和更具公平的发展；优化分工格局，共同推动“一带一路”的结构升级；构建生态安全保障体系，提高“一带一路”建设的环境承载力。

总之，生态环境国际合作是“一带一路”建设优先要考虑的重要任务之一，是“一带一路”建设可持续发展的重要切入点。

第三节 “一带一路”建设下生态文明建设的机遇

一、“一带一路”传递生态文明理念

环保是全球性问题，需要我国与世界其他国家共同努力行动。而“一带一路”倡议完全可以成为凝聚这些努力和行动的纽带。

中国于2013年正式提出“一带一路”建设构想之后，沿线国家不断掀起合作热潮。在经济合作一马当先的前提下，其他方面合作的重要性也逐渐凸显。

“一带一路”沿线的环境保护是一个容易被忽略又绝不容忽视的问题。对于推动“一带一路”建设，中国提出了加强政策沟通、道路联通、贸易畅通、货币流通和民心相通的“互联互通”。实现“五通”的过程，也是中国和沿线国家寻求共识的过程。而生态环境正是大家共同关注的一个重要问题。如果环境遭到破坏，即使经济合作成功了，也难以凝聚民心。历史表明，大国企业在走出去过程中破坏当地生态环境的做法，常会直接伤害国民感情，最终也给经济合作带来负面影响。

今天的中国已经把生态文明放在了前所未有的高度。在《推动共建丝绸之路经济带和21世纪海上丝绸之路的愿景与行动》中，中国政府明确表示在投资贸易中要突出生态文明理念，加强生态环境、生物多样性和应对气候变化合作，共建绿色丝绸之

路。中共中央政治局会议更是明确提出，必须从全球视野加快推进生态文明建设，把绿色发展转化为新的综合国力和国际竞争新优势。

中国要走可持续发展道路，就需要带动"一带一路"沿线国家共同追求生态文明，共同建设绿色丝绸之路，进而为全人类的可持续发展做出贡献。

二、"一带一路"推动绿色发展

目前，绿色发展成为各国共同追求的目标和全球治理的重要内容。推进"一带一路"建设，是顺应和引领绿色、低碳、循环发展国际潮流的必然选择，是增强经济持续健康发展动力的有效途径。推进"一带一路"建设，应将资源节约和环境友好原则融入国际产能和装备制造合作全过程，促进企业遵守相关环保法律法规和标准，促进绿色技术和产业发展，提高我国参与全球环境治理的能力。

三、"一带一路"打造利益共同体、责任共同体和命运共同体

全球和区域生态环境挑战日益严峻，良好的生态环境成为各国经济社会发展的基本条件和共同需求，防控环境污染和生态破坏是各国的共同责任。推进"一带一路"建设，有利于务实开展合作，推动绿色投资、绿色贸易和绿色金融体系发展，促进经济发展与环境保护双赢，服务于打造利益共同体、责任共同体和命运共同体的总体目标。

第四章　国内外生态文明建设的实践与经验

第一节　生态文明建设的实践形式

一、生态文明建设与深化生态教育

随着生产力水平的提高及物质产品的丰富，人们的生活逐渐从生存向发展转变，建设社会主义生态文明的目的是使人能够在发展中获得生态方面的高层次享受，但是这种高层次享受与具有“享受的能力”是相适应的，为此，我们必须从根本上提升公民素质，在此特指公民的生态素质，使其成为“具有高度文明的人”。一些国家已经把生态教育纳入了国家教育体系之中，成为各级学校教育教学的内容之一。当前我国生态教育的重点主要在两个方面，一是通过国民教育体系，在各级各类校园中实施环境教育，普及环保知识；二是加强农民生态环境基础知识教育。由于农民文化素质相对较低，对环保知识了解偏少，所以要特别重视农民的环保教育。除去上面涉及的两个方面外，全社会的生态环境知识教育也必不可少，无论是城市还是农村，都可开展生态文明方面的讲座及展览，用正反两方面的例子来警示世人，提高教育教学的效果。鉴于生态环境建设的长期性、艰巨性，我们必须做好打持久战、打硬仗的准备。生态素质教育具有全民参与、综合性、实践性特征。全民参与是指生态素质教育需要教育部门、公众、社会各行业的齐心协力才能长期坚持并取得进步；综合性是指生态素质教育融合了众多自然科学和人文社会科学知识，不能相互分离，各自为政，必须相互协调，互相补益；实践性是指通过生态素质教育让人们学会从理论走向实践，把所学知识理论都应用于个人的生产生活中。可以预计，随着生态教育的不断推进，全民生态素质的提高，我国生态文明建设将取得长足发展，人民也会享受到更多的生态文明成果。

（一）深化生态教育，提高公民生态文化素质

1. 通过生态教育，提高公民在生态文明建设中的权利意识

现代社会是公民权利至上的社会。近年来，受改革开放和社会发展的影响，在我国，公民权利、公民精神逐渐走到了历史发展的前台，这些都为生态文明建设提供了有利条件。但由于传统观念和生活习惯的根深蒂固，反映到社会主义生态文明建设中就表现为：公民的参与意识虽然觉醒但依旧薄弱，或者即便是参与社会治理和环境建设，也很难拥有实际权利。生态文明建设离不开人民群众的广泛参与，也离不开人民群众思想认识和行为方式的根本转变。这些都需要通过推进生态意识教育，鼓励公民积极参与其中，让主人翁意识在参与生态文明建设的公权力中觉醒。为此，我们需要利用丰富多彩的教育形式开展生态教育，使广大人民充分认识到生态危机带给个人和社会的危害；要加强环境科学与相关的法律知识教育，营造保护环境人人有责的社会氛围；要在国民教育序列中加大生态教育力度，帮助公民特别是未来一代树立起正确的生态价值观，通过生态文明建设实践实现自身权利和义务的统一，形成理性的权利意识。

2. 通过生态教育，提高公民在生态文明建设中的监督意识

民主监督是我国社会主义政治制度的重要内容之一，也是体现政治文明与否的标准。公民的监督意识是权利制约权力机制的思想保障，国家权力受到人民的监督是人民主权原则的核心所在。自改革开放以来，虽然中国经济增长势头迅猛，但同时生态问题也日趋严重，无论是工业还是农业，无论是东部还是西部，也无论是城市还是乡村，都难以逃脱生态危机的困扰和威胁。从产业结构来看，不仅工业生产产生了大量的“三废”污染，农业生产也面临着化工产品、农药残留、生活垃圾的污染；从区域划分来看，不仅东部发达地区在发展经济时带来了大量生态问题，随着西部地区大开发进程的加快与大量夕阳产业的转移，西部地区的生态、资源、环境之间，经济、社会、人口之间的矛盾也在不断加剧，生态环境恶化的速度惊人。北京工商大学世界经济研究中心于2008年7月28日发布的《中国300个省市绿色GDP指数报告》表明，在273个测试城市中来自中西部地区的城市占据了最后10个席位，环境污染已成为全国性的大问题。因此，必须对生态污染和环境治理进行有效监督，树立污染环境就是破坏生产力，保护环境就是保护生产力的意识，通过节能减排来促进社会主义生态文明建设。我们要通过生态教育，以培养和提高公众的生态法律意识为切入点，强化

他们的监督意识，教育他们学会用法律武器来维护自身的环境正义，使他们承担起社会主义生态文明建设者和监督者的双重责任。

3. 通过生态教育，提高公民在生态文明建设中的责任意识

权利与义务是相互联系、不可分割的整体，权利与义务的有机结合是公民社会发展的必然要求。公民在享受自身的权利时也要对社会尽相应的义务，这是公民一词本身的应有之义。公民有权利从自然界中获得维持生存发展的物质产品和精神产品，也应该担负起保护生态环境的社会责任。社会主义生态文明一方面体现了自然界对每位公民的权利、需求、价值的尊重和满足，另一方面也给每个公民提出了相应的要求，即生态文明建设既体现着公民的价值与权利，又明确了公民的生态责任。由于受消费主义和“人类中心主义”的影响，大量生产、大量消费、大量废弃的现象成为常态，以至于为了满足消费涸泽而渔、焚林而猎、毁灭物种种群、无节制地发展各种交通工具等，严重破坏了自然界的生态平衡。培养和造就有素质、有能力、有德行的公民成为以人为本建设的目标之一。公民个人要逐步去除传统思想文化的影响，牢固树立保护生态环境的坚定信念和使命感，强化公民在生态文明建设中的责任意识，找准发展生态文明的正确途径，在生产生活实践中建设真正的生态文明。

（二）深化生态教育，提高公民生态道德素质

1. 关于生态道德的教养问题

公民生态道德素质的形成离不开生态道德教养的实施，我们应该在全社会大力宣传生态文明相关意识，尊重、热爱并善待自然，追求人与自然之间的和谐相处，使社会道德准则和行为规范体系更能体现出“天人合一”的生态道德特色。在生产生活中，我们要继续倡导节约光荣的优良传统，努力构建资源节约型、环境友好型社会；要加强生态道德教育，把生态教育融入全民教育、全程教育、终身教育的过程之中，并上升到提高全民素质的战略高度上来。1992 年，美国学者大卫·奥尔提出了“生态教养”一词，奥尔指出当今时代人类面临的严重的生态危机与人类对待自然的行为是直接相关的，由于缺乏对人与自然关系的整体性认识，包括自然与人文方面的知识，所以，奥尔认为我们有必要重新进行生态知识和理念教育，培养公民的基本生态教养，以便引导人类顺利过渡到人与自然和谐共存的后现代社会。美国著名学者F. 卡普拉在《生命之网》中重申了奥尔“生态教养”这一概念，强调了公民具有基本生态教养对于重建人与自然关系生命之网的重要价值和现实意义。F. 卡普拉认为，地球上的所有生命形式，无论是动物、植物、微生物之间，还是个体、物种、群落之间，其生命都存在于错综复杂的关系网所构成的生态系统之中，地球上的各种生命都是这种

关系网所构成的生态系统长期发展进化的结果。人类作为自然界进化发展的一部分，也必然依赖于这个庞大生命网络的支撑。但是，由于人类的社会性特征的无限膨胀，在发展经济与保护环境之间往往选择前者，漠视非人类生命生存的价值和利益，为了满足个人或小集团的利益而劫掠自然资源，破坏生态环境，致使全球生态系统网络严重破损，甚至走向瓦解，人类后代的生存机会也日益减少。因此，深化生态教育，加强生态知识教养，对于确立人与自然相互依存的有机整体的生态世界观，对于人与自然关系的和谐，对于人类社会的可持续发展都具有重大意义。

2. 深化生态教育，提高公民生态伦理教养

随着西方工业文明的发展，人与自然之间出现了严重的异化现象，人类社会与自然环境之间的分离和对抗不断加深，特别是受人类中心主义的影响，人类只承认自身的内在价值，只把人纳入伦理关怀的对象之中，而人之外的万事万物则在伦理关怀的范围之外，是从属于和服务于人类、可以随意征服和支配的客体。与此相反，生态文明理论认为，无论是作为主体而存在的人，还是作为客体而存在的人之外的世界，它们都具有各自的内在价值和存在权利，是相对于对方而言的主体的生命存在形式。在自然界整体系统中，人与人所赖以生存的环境是一个相互依存的生命共同体，他们的生存和可持续发展都依赖于地球生物圈的正常、安全、健康和持久的运行，地球生物圈不仅对于人类具有环境价值，而且对于所有生命物种也具有环境价值。特别重要的是，地球生物圈的生态环境主要是由人类有意识和非人类生命无意识的生存活动共同建造的，要维持所有生命长期健康存在的生态环境，就必须在维持地球上适度的人类种群规模和起码的生物多样性二者之间进行生存环境的公正分配，才不会导致人类因过度开发和利用自然资源产生威胁生物圈的生态安全问题。在这种情况下，人类必须丰富传统人际伦理关怀的对象和内容，把自然界纳入其中，树立起人与自然之间荣辱与共的新生态伦理理念，使每一个公民都具备基本的生态伦理教养。也只有如此，我们才能道德地对待当前和今后人类赖以生存的自然环境，道德地对待人和非人类生命生存的自然环境，最终实现人与自然关系的和谐。

3. 深化生态教育，提高公民生态审美教养

自然界本身是无所谓善恶美丑的，人们之所以会对某些风景秀丽、气候宜人的地方赋予高度的评价，是因为这些地方对于人类有积极价值。欣赏和维护自然界本身的原始状态美是当代人特别需要培养的审美素质，这是一种可以让我们远离金钱和污染，诗意地栖居于大地上的高层次的人生追求。约翰·康斯特布尔曾经在 19 世纪就多次阐明自己的观点，认为人的生命中是没有丑的事物的。根据这一观点，那些在自

然中发现了丑的人只是因为没有能够恰当地感知自然，或者没有找到从美学意义上评价、欣赏自然的恰当标准。工业文明带来了富足的物质生活，但是它对每一条江河、每一寸土壤、每一种生物的破坏作用是显而易见的，这与现代人为了追求短期而浅薄的物质生活、牺牲久远而高尚的环境生活有关，这种价值追求也导致后代人极度缺乏生态审美和欣赏能力。自然美不是艺术创造的产物，除了我们当时的偏好，不存在对自然美的其他的审美标准。如果人们能够重新找回感受生态美的固有能力，充分发挥生态美感体验的神经机能，就会在郊游时沉醉于百草鲜花的四季芬芳，在进入荒野时流连湖光山色的壮美俊秀，就懂得观赏羚羊麋鹿的戏耍游玩、竞走赛跑，谛听无数鸣禽在丛林天堂里的即兴吟诗、纵情欢唱，也会倾慕羽毛如雪的天鹅长颈相交、两心相许的终身守候。一个具有了高度生态审美教养的社会在经济指标和生态保护的斗争中会选择后者，它不会为了满足体肤之暖、口舌之欲而屠杀珍禽异兽，也不会为了一时的利益需求而毁灭掉美好、自然的生存享受。生态审美不仅是人们美好生活所必需的文化素养，也是衡量人们生活健康与否的重要尺度。

二、生态文明建设与转变生活方式

（一）建设生态文明要坚决反对消费主义

消费行为、消费习惯在人们的生活方式中占据了重要位置。生态文明建设需要建立起生态性的消费行为和消费习惯，并逐渐消除消费主义的影响。消费主义从一开始就在全世界范围内产生了极大影响，它具有诱惑性、象征性、浪费性、全球性的特征，对人类道德、社会风气、自然环境，乃至世界的方方面面都造成了不良影响，因此必须超越消费主义，树立生态化的消费理念。当然，我们在消费过程中，一方面要刺激消费，另一方面又要合理引导消费，尽量避免不合理、不科学消费现象的产生。

1.消费主义的影响

（1）诱惑性对人类道德的败坏

消费主义具有诱惑性。随着生产力的发展，物质产品的丰富，以往的生产不足已经转变为大量商品的过剩。相对于消费不足的状况，社会生产出现了过剩，这是经济社会的顽疾。解决这个问题的手段可谓多种多样，政府可以通过宏观调控来干预市场，生产企业可以利用时尚的商品设计和铺天盖地的广告来宣传，经销商可以利用优质的包装、买卖的优惠来吸引消费者，形成消费者关注的文化氛围，引起他们的注意，刺激他们的消费欲望。这样，在各种手段的引导下，消费者就会产生匮乏感和需求欲，要解决这个问题，消费者唯一能做的事情就是去购买。人们的社会态度和消费需求受到这些诱惑性活动的刺激，人们的心理就屈从于社会对消费的调节，从而扩大了人们的需求促进了消费活动的兴旺。这时的社会生产既包括了产品生产，也包含了满足人们的消费欲望的生产，社会生产成为对消费者的生产。

消费主义如同一种精神鸦片，它会使人迷失在过度消费带给他们的虚荣心的满足中，这种虚荣心的不断被满足，让他们过分陶醉在物质消费中，而忽略了精神消费，消费主义把人变成了物质上的富翁，也把人变成了精神上的乞丐，使物质消费与精神消费失衡，消费变成畸形消费，马克思称之为异化消费。当人们被消费主义浪潮包围时，他们就已经陷入了欲望和满足的矛盾的泥沼之中，幸福感会随着这种现象的加深而逐渐降低。因为资本无法停止它追求利润的脚步，资本的逻辑要求实现利润的最大化，为了维持再生产的正常进行，卖出商品，必须要激起人们已有的消费欲望，并制造出新的消费需求，使大量消费成为人民群众生活的常态。迈克·费瑟斯通（Mike Featherstone）指出："资本主义生产的扩张，尤其是世纪之交（指 19 世纪与 20 世纪之交）的科学管理与'福特主义'被广泛接受之后，建构新的市场、通过广告及其他媒介宣传来把大众培养成消费者，就成了极为必要的事情。"[①] 在马尔库塞眼中，这种诱导性需求是一种"虚假需要"，因为这时的人已经不是一个真正意义上的人，而是一个被动的、异化之后的消费者，成了爱别人所爱、恨别人所恨的盲从者。

（2）象征性、符号性及对社会风气的破坏

消费主义具有象征性。消费的原初意义是为了满足人们对某种使用价值的需求，但是由于受消费主义的影响，商品除了其正常的使用价值外，逐渐成为消费者展现自身的社会身份、经济地位、个人品位的手段，成为向公众传递自我信息的窗口。从某种程度上看，消费者选择一种商品，实际上也是选择了一种生活方式，选择了一个社会阶层。当消费者选择名牌商品的时候，就表示他已经从以前较低的阶层中走出来，进入一个和这种商品相匹配的地位较高的团体中去了。消费主义文化的象征性，使得人生的目的和意义被过多地赋予到商品上面，从而使商品具有了越来越多的象征意义和文化功能。消费主义本质是一种异化消费，具有某种象征意义和一定程度的表演性，而这种异化消费的生命力却似乎异常强大，它不但被老一辈津津乐道，也被年轻人顶礼膜拜，并把它当作人生的价值与生活的目的。

符号化使得商品外观的美感和象征性价值倍增，以至于出现了过度包装与高额的广告费用等现象，大量资源被浪费在不必要的地方。加上我国对包装废弃物的回收利

① 迈克·费瑟斯通. 消费文化与后现代主义 [M]. 刘精明，译. 南京：译林出版社，2000.

用率不高，仅有30%，所以，把资源过多地消耗在这上面是极不明智的做法。消费主义的符号化特征使企业的生产成本增加，也使消费日益走向边缘化，耗费大量资源和能源而生产出的产品被人们随机消费，在人的感觉被瞬间满足之后，就成了被丢弃的垃圾，在这种虚妄的感觉被满足的同时，也将人们的下一个物质欲望激发出来，并被无限放大。在消费主义语境中，消费满足人的基本生存需要的功用退居其次，而其外延化的功用占据了主导地位，也就是说，消费品的符号价值已经超出了它的天然的使用价值。人们在虚荣心和虚假需求的诱导下，开始盲目追求高档消费，以至于人的主体性地位被盲目性的消费活动取代，这主要体现在广告等宣传手段对人们消费的操纵上。广告操纵了消费，其实就是操纵了人本身，人们在广告的引导下去选择消费品，而不是根据自身的需要和判断能力去选择。许多人宁可入不敷出，也要满足这种被扭曲的消费，以至于在社会上形成了一种盲目攀比的不良风气，它淡化着人们的责任感和责任意识，也动摇着传统美德的根基。

（3）浪费性及对自然环境的影响

消费主义具有极大的浪费性。在传统的社会生活中，只要一种商品还拥有可供消费的功能，那么这种商品就可以继续消费，而不会从消费领域中退出，这样，在无形之中延长了商品的使用寿命，既节约了资源能源，又减少了对环境的污染，社会是节约型社会，消费是节约型消费。在消费主义占主导地位的社会中，消费大多是一种符号消费，而人们对符号的认识是主观的、多变的，从而使商品及对商品的需求也呈现出主观多变的特点。这就是为什么社会上一次性用品大量增加的原因之一，用过就扔的习惯和商品的快速更新使自然资源的消耗大大增加，从而在过度生产、过度消费、过度浪费之间形成了一种恶性循环。

消费主义给自然环境带来了极大的负面影响。自然属性是消费活动的基本属性，是一种通过消耗自然物品给人类提供所需要的信息和能量的属性。可以说，人们的消费活动一刻也离不开自然：人们所需要的消费品、所需要的物质和能量，源于人类对自然界的认识和改造；而人们的消费过程，就是物质和能量的不断交换过程；最后把消费后的“废弃物”再排放到自然界中。这样，人们通过对自然界物质和能量的索取、交换、废弃，通过人们的消费行为，把自身与自然界紧密地联系在一起。在人们自始至终的消费过程中，“度”占有十分重要的地位，能否把握好“度”直接影响着人与自然的关系，对自然的过度索取会造成资源的枯竭，对消费的过度追求会造成消费的异化，对废弃物的不合理排放会造成环境污染。消费主义的生活方式给自然环境带来了极大危害。在消费主义文化的影响下，人的物欲被无限放大，而消费主义的符号性和象征性特征大大缩短了商品的使用寿命。人们对商品消费的评判尺度，也从传统的使用价值尺度转向符号尺度，越是奢侈的、能够彰显个人身份和地位的商品才越会受到消费者的青睐。那些适用性强、使用价值高的商品，由于缺少象征性的符号价值，而被消费者冷落，甚至抛弃，结果不但浪费了大量资源，也破坏了生态环境。

2. 对消费主义的超越

（1）既要刺激消费又要合理引导消费

在对待消费的问题上，"因噎废食"的做法是不可取的。超越消费主义，不是要求人们实行禁欲主义，不去享受丰富的物质生活，恰恰相反，没有以往的物质消费，是无所谓超越的。正常的物质生活离不开消费，也离不开消费对生产的积极拉动，只有创造出了丰富的物质资料，才能够保障人们的正常生活。那么，我们应该坚持一种什么样的消费模式呢？在党的十七大报告中，胡锦涛把节约资源和保护环境的消费模式作为生态文明的主要标志和发展目标。马克思在批判资本主义时指出，在资本主义社会中，人的劳动已经成为一种堕落的异化的劳动，人也成为一种只知道物质消费的"残废的怪物"。

消费主义不但扭曲了人性，也伤害了自然环境。在消费主义文化背景下，衡量一个人的生活好坏及社会地位的唯一标准就是看他对商品的拥有量和消费量。消费量中的"量"有两层含义：一是指数量，一是指质量。消费主义理念中的商品的质量往往与"奇"是联系在一起的。人们在追求商品丰富的同时，还要追求商品的新奇。而越是新奇的商品，在自然界中往往是越少的越值得珍惜，在生态系统中的作用也是越重要的。从 20 世纪初消费主义的产生到 20 世纪下半叶这一段时间内，人们向自然界索取的东西，比所有时期的总和还要多，消费主义的产生和成长过程，其实就是损害自然界的过程。

对待消费，我们既要刺激，又要引导。一方面，我们要依据生态文明的建设要求去引导消费。引导人们的消费行为，就要让人们在消费问题上，坚持全面而非片面发展的观点，不但要有丰富的物质消费，还要有精神和文化消费，并在消费过程中不断加大精神文化消费在整个消费中的比重。文化消费是一种更高层次的消费，它可以较好地满足人们的精神文化需求，而精神文化需求的满足，甚至更高于通过有形的物质消费对人的生理需求的满足。另一方面，在物质消费领域，我们要引导人们打破"更多"与"更好"之间的非理性连接。作为供人们消费的物品，并不是数量越多质量就越好，它们之间没有必然的统一性。我们需要的"更多"是生产更多的耐用品、更多的绿色商品。那么"更好"应该体现在消费的质量方面，如果人们消费得越少，而生活质量反而越好的话，那可能就是人们消费中的最理想状态了。在消费领域，我们应该实现“更多”与“更好”的有机结合，以生态文明的要求为基本原则去引导消费，建立一种把消费的“质”、生活的“质”放在第一位的需求结构，使人们的消费结构更合理，消费质量更高。在全面建成小康社会的过程中，在生态文明建设的过程中，我们不仅要合理地刺激消费，以保障社会经济的正常发展，而且要正确引导消费，使消费控制在生态容量的底线之内。

（2）树立生态化的消费伦理理念

传统人类中心主义认为，人是自然界唯一具有内在价值的存在物，是道德关怀的唯一对象，所以，在涉及环境问题时，要以人的利益为出发点和判断标准。人类对自身负有直接的道德义务，而对自然界却只是一种间接的道德义务。这种人类中心主义体现着“人为自然立法”的基本思想，世界的中心是人类，人类保护生态环境的目的是人类的利益；自然万物只是人类实现其利益的工具而已，当然，为了更好地实现自身的利益，人类有必要爱护好这个工具。而当这个工具对人类失去了直接利用价值的时候，人们就没有必要去保护它了，就应该弃之不顾。这时，人类中心主义与狭隘的功利主义合二为一，自然成为一种外在于人的目的性存在。由于人类中心主义忽视了人与自然的同源性，忽视了规律的客观性及其对人类实践的制约性，也忽视了自然生态系统的承载能力，所以，它不能从根本上解决人类发展与生态环境之间的矛盾，是一种关于人类生存的狭隘的伦理学，而不是广义的可持续发展的伦理学。在康德那里，人不但可以为自然界立法，而且可以为自身立法。“人”是以人类为中心的人，其可以与自然界相对立，也可以统治自然界。而在生态消费伦理中，“人”是指与自然可以和合共生的人，其与自然界相协调，是自然界的一部分，尊重自然规律，代表自然的意志。道德必须遵循“人为自身立法”的原则，通过具有自由意志的人制定相应的规范来约束自身的行为。人为自己树立起一定的道德法则，然后自己再去执行，只有这两种行为相一致时，人的道德行为才能够沿着主动性与自觉性的轨道向前发展。所以，在“人为自身立法”这一道德原则的指引下而构建起的生态消费伦理，可以有效地缓解或解决生态危机，消融人与自然之间的矛盾。只有如此，我们才能够说，“立法”者的目的与需要本身就包含着自然界的意志，人们的消费行为是自然界所允许的。

从国际范围来看，消费主义已经成为发达国家中的主流消费之一，它与资本主义的生产方式相适应，并迅速向全球蔓延。从国内范围分析，由于受到消费主义的影响，目前我国的高消费、不合理消费的现象普遍存在，生态问题越来越严重。所以，我们要自觉抵制消费主义及其不良影响，坚持从自然界生态环境的承受能力出发，尽可能地采用对自然环境影响较小的生活方式，努力发展那些既能满足人的需要，又与自然环境相互协调的生态化产品，把人的消费活动和消费水平限制在自然界的承受限度之内，维护好自然界的生态平衡，树立生态化的消费理念。同时，作为国家权力代表的政府和舆论喉舌的媒体要在环保宣传上加强力度，使消费者充分认识到，消费的水平和质量不仅取决于商品、服务的数量和质量，还取决于人们所处环境的好坏。通过这种方式，帮助人们认清消费主义的危害，引导人们树立保护生态环境、节约自然资源的新理念，自觉地建立生态化的消费模式。

（3）实现科技理性与价值理性的和谐统一

当今社会，要切实解决因消费主义而诱发的生态危机，就要实现科技理性与价值理性的和谐统一。科技在经济社会中的重要性不言而喻，它在一定程度上支撑着人类社会的发展。那么，作为社会发展内容之一的生态文明建设同样离不开科技，科技理性是生态消费伦理的重要组成部分。可是，生态问题的解决不可能只靠科技理性这个因素，并且科技理性的过度膨胀也正是引起生态危机和精神危机的原因之一。面对严峻的现实，人们开始反思自身的行为及其对自然界带来的影响。罗马俱乐部认为，由于人类欲望的极度膨胀，人类通过科技理性把自身的意志强加于自然界，对自然资源进行了毁灭性的开发，破坏了人类赖以生存的自然环境，加速了人类的灭亡。在《单向度的人》一书中，马尔库塞对消费主义进行了尖锐的批判。马尔库塞认为，由于现代社会的科学技术和人们的生活都有了很大程度的提高，加上人们受到消费主义的影响，就变成了只有物质而没有精神，只有追求物质享受而丧失了精神生活的"单向度的人"。也就是说，我们不能因自身的好恶而去偏爱科学理性或去追求价值理性，两者不能偏废，要有机结合，才可能找到解决生态问题的出路。如果不能正确发挥价值理性的引导作用，科技的发展就会变得盲目，诱发大量的生态问题，甚至会导致人类的消灭；如果不能正确发挥科技理性的作用，人类的生存和发展就会失去必要的物质支撑，也无法解决实践过程中出现的生态问题。所以，我们应该寻找科技理性和价值理性二者恰当的结合点，扬二者之长，避二者之短。正确使用科学技术这把"双刃剑"，合理地利用自然、保护自然，实现人与自然的和谐统一。

（二）转变生活方式要坚持生态消费

社会主义生态文明建设要求人们转变生活方式，而生活方式的转变则要求人们树立一种生态化的消费意识，生态化的消费是反对消费主义的有力武器，也是循环经济发展中的重要一环；生态消费是实现消费从工具理性到目的理性转变的内驱力，体现着人们对自身本质发展的必然追求。当然生态消费的建立必须与我国目前的基本国情相适应，要体现以人为本、健康向上等基本要求，坚决反对和摒弃畸形的社会价值观对消费的不良影响。

1.建立以人为本的消费观

生态化的消费观是以保障人的身心健康为出发点而实施的生活方式和消费活动，它把以人为本作为自身的指导思想和最终目标。人、自然、社会之间的关系能否保持全面、协调与持续发展，取决于人能否正确地发挥其主观能动性，而主观能动性的发挥程度，又取决于人能否获得全面的发展。这告诉我们，人的全面发展有利于推动人、自然、社会这个生态系统整体的健康发展，而人的畸形发展，则不利于人、自然、社会之间的协调、持续、全面发展。资本主义社会发展生产、刺激消费的目的是得到更多的剩余价值，社会主义社会发展生产、倡导消费的目的则是促进人的全面发展，虽然二者的实施手段类似，但目的却截然不同。贯彻“以人为本”的生态化消费观，建设有利于人的全面发展的消费模式，对以健康产业、创意产业、文化产业为主要内容的现代服务业的发展大有裨益，在拉动内需的同时，也有助于经济的健康而快速的发展。美国金融危机就是活生生的反面教材。

以人为本的消费观包含三层内容。第一，生态消费是一种健康消费。人能否全面发展，首先就要看这个人的身心是否健康，这是基础。人的身心健康是由人的生理健康和心理健康组成的，是人自身的自然生态系统状况与社会生态系统状况的体现，是二者在人身上的有机融合。人身是一个复杂的生态系统，有人把它形容为一个小宇宙，是有一定道理的。人的生理是指组成人体的各个器官，这些器官组成了人的体内自然，它具有一定的物质形态和生理机能，是一个完整的、动态的生态关系链。如果这个关系链上的某个环节出现了问题，人就可能生病，甚至是死亡。所以，人的生理健康，不单单是指人的身体少生疾病，更重要的是指人身体的平衡与免疫力的提高。人的心理健康是指人的心理活动、态度情绪等各种心理品质的健康。人的心理健康严重影响着人的生理健康。如果人的心理出现了问题，不但会导致生理问题，严重的也会导致死亡。一个长期心理阴暗的人，会严重伤害身体健康。中医有怒伤肝、哀伤胃、惊伤胆、郁伤肺之说，就是这个道理。生态消费是一种健康消费，它既需要心理健康，也需要生理健康。第二，生态消费是一种素质消费。人的素质的全面提高是人的全面发展的核心。素质主要是指人们在自身的世界观、人生观、价值观方面，在科学文化、思想品德等方面的修养。人的素质是人、自然、社会之间关系的内化与外化的综合表现。提高人的素质就要提高人在精神消费、文化消费和教育消费方面的比重。第三，生态消费是一种能力消费。人的全面发展的程度如何取决于人自身可持续发展能力的高低。人的可持续发展能力内涵丰富，包括人与外部环境的协调能力、提高身心健康的能力、适应社会的能力、运用知识解决问题的能力、创造性能力等。人的可持续发展能力的提高是一个综合性问题，反映在消费问题上，它是人的物质消费与精神消费、社会消费与个人消费的有机统一。

2. 树立和谐健康的生态化消费观

生态消费理念的培养，离不开对公民生态意识的教育和强化，在此基础上，树立全新的生态道德伦理理念，使人们的价值取向从经济方面转移到生态方面，在社会上形成良好的社会道德风尚，既崇尚自然，又勤俭节约，把协调人与自然的关系作为人内在的精神需求。我们应该充分利用各种教育手段、宣传媒介和社会性的公益活动等，向人们传播生态知识和正确的消费理念，促进人们的生态意识和生态消费习惯的养成。人是自然界的一部分，人与自然组成了完整的生态系统，人们的活动受自然条件的制约，如果人的活动超越了自然的承受能力，势必引起资源的枯竭、环境的恶化，而人也必将受到自然的惩罚。我们应该加强各种生态化的示范活动，建立由政府、民间团体、消费者共同参与的群众性生态化活动，大力提倡绿色购买、绿色消费，反对奢华和浪费，向生态、节俭、健康的生态型消费转变。

工业文明中不可持续的消费观反映了资本主义的文化价值理念。随着我国的改革开放的发展，不可持续的消费观逐渐渗入了人们的生产生活之中，并对我国社会的发展产生了消极影响。生态危机的解决，离不开正确消费观的确立，而我们要确立正确的消费观，就要自觉地抵制消费主义思想的侵蚀，树立以人为本的价值理念。以人为本的消费就是以满足人的合理需要为目的的消费，是人性化的消费形态。我们不但要重视人的自然属性、人的物质欲求，更要重视人的社会属性、人的精神追求。人的物质欲求是满足人的需要的手段，是人的生存和发展的基础，但不是人生的最终目的和全部。生态化的消费就是立足于对人们的物质生活需要的满足，追求人们在精神生活需要方面的满足，以最终实现人的价值，促进人的全面发展。我们坚决反对奢侈浪费的生活哲学，提倡勤俭节约的生活方式，弘扬优秀的传统文化，为全面小康社会的实现，为建设两型社会而努力。在消费过程中，我们要树立起尊重生态价值的绿色消费理念，尽可能地避免对环境的污染，实现人们消费行为的生态化转变，从而保持消费的可持续性。

3. 加强对生态消费的引导和规制

要加强对生态消费行为的引导和规制，需要政府制定相关的政策法规，为可持续消费提供制度上的保障。国家可以利用相关的政策和法规来调节人们的消费行为，限制不可持续性消费，提倡可持续性消费，为生态消费的普及开辟道路。在推进可持续性消费模式的建立、规范人们的行为方面，政府有不可推卸的责任和义务。政府在优化消费结构方面要加大力度，使人们的消费结构既能体现出需求的层次性，又能够确保人的体力、智力等方面的全面发展。从我国的具体情况出发，特别要注意区域之间、城乡之间、社会阶层、贫富分化等方面，尽可能减少社会消费分层严重的现象。分配公平与否制约着消费公平，要解决消费分层问题，不断健全社会保障制度，深化分配制度改革，利用各种手段来进行调节，尽可能地提高低收入者的收入与消费水平。我国部分农村和中西部地区相对落后，人们的收入较低，为此，各级政府不但要努力增加农民的收入，改善农民的生活，而且要积极完善城乡养老、医疗、保险等社会保障制度，确保社会消费的公平正义，维护社会的稳定与和谐。

4. 摒弃畸形的社会价值观

实现消费的生态化，就要摒弃畸形的社会价值观。在现代社会中，“重利轻义”现象似乎成为一种常态。当人们重“利”轻“义”的时候，人与人之间的关系就容易被物质、金钱等低层次的东西占领，从而出现人际关系紧张，社会道德滑坡，社会不稳定等情况。现代社会，人们的价值观已被严重扭曲：“只讲财富的占有而不讲财富的意义；只讲高消费、超前消费，而不问所消费的是不是自己真正需要的；经济的增长被当作了最终的目的，而对在这种经济增长中带来的人的异化现象视而不见；为了利润挖空心思地制造消费热点，盲目攀比，片面顾全面子的现象比比皆是，……这种扭曲的价值观必将人类引入歧途。其实，经济的增长只是为达到人的全面发展的手段，财富的多寡并不能证明一切，消费的应是自己真正需要的，人应当成为自己的主人，而不应当变成物欲的奴隶。”人们应该学会在更广阔的范围内来评判自我的价值，应该在人、自然、社会之间协调发展的基础上谋求人类的发展，民族之间的冲突、恐怖主义的存在都与人类的可持续发展背道而驰。人类不但要开发自然，更要保护自然；不仅从自然中索取，还要学会回报自然。人、自然、社会之间的共生共荣、持续发展才是我们所追求的目标。人们的生存离不开物质产品，但是物质产品只是人们追求幸福生活的条件和必要手段，而不是全部，人的有意义的生活离不开丰富的精神内涵。

如果人们为了满足自身的物质需要，不顾客观条件的限制，盲目追求奢侈的生活和消费，就降低了生存的境界。在物质生活之外，人们更要追求精神生活，无论是对真理的探求、艺术的创造、道德的升华，还是开发人体内的潜能，高尚的精神生活都可以使人更加热爱生活、热爱自然，关心社会、关心他人，可以使人更容易感觉到幸福和满足。

三、生态文明建设与转变发展方式

（一）转变经济增长方式

从维护社会的公共利益和保护生态环境的角度考虑，生态文明建设的首要目标，就是要通过人类的经济活动来实现生态的可持续发展。要实现生态的可持续发展，关键是要转变经济的发展方式，而转变经济的发展方式正是科学发展观的重要内容和必然要求。以人为本、提高人民的生活水平是生态文明建设的根本出发点和落脚点，转变经济的发展方式就是要促使发展从单纯地追求经济效益的提高，转向对人的全面发展和经济社会的协调发展上。传统的粗放型经济发展模式具有明显的"高"特点，如高投入、高消耗、高污染，也具有明显的"低"特点，如低效率、低产出，因此，它是一种不可持续的发展模式，给自然、经济、社会的发展带来了一系列严重危机，这就要求我们必须要转变经济的发展方式。

1.由粗放型到集约型

依据著名经济学家吴敬琏的观点，传统的工业化发展道路实际上就是粗放型的发展道路，这种粗放的缺点有七个方面：① 传统的工业化生产模式以重化工业作为发展重点，这明显与我国的国情不符，不符合我国资源短缺、环境脆弱、人口众多的现状，所以是不可持续的；② 因为传统的工业化模式侧重于重化工业，这样一来，企业就漠视了对技术的创新，不注重产品的升级换代，也不注重资源利用效率的提高，所以，是不可持续的；③ 服务业发展滞后，跟不上经济发展的步伐，满足不了经济增长的要求，所以它影响了经济整体效益的提高；④ 长期以来我们采取粗放型的发展模式，破坏了自然环境，使我们本来贫瘠的自然资源更是每况愈下，不容乐观，以至于在国际上出现了我们买什么商品，那么市场上该商品的价格就会飞速上涨的尴尬局面；⑤ 受传统工业模式的影响，我国的高污染产业发展过快，严重地破坏了自然生态环境，影响到经济的发展，因此是不可持续的；⑥ 传统的工业发展模式，特别是重化工业给社会带来的就业岗位有限，因此造成过多的失业人口；⑦ 传统的经济增长是靠扩大投资、扩大规模、增强劳动强度等方法来拉动 GDP 增长的，而过度的投资主要来自国家银行贷款，其中许多无效投资贷款又使银行的风险不断加大。

要切实转变经济的发展方式，就要处理好经济建设与环境保护的关系，大力发展循环经济和生态经济，走中国特色的资源节约与环境友好的发展道路。经济发展方式的转变，绝不能只停留在静态层面，而应该建立起与生态化的发展模式相适应的综合决策与发展机制，包括要继续完善和强化环境保护规划和实施体系、重大经济行为的政策和发展规划、重大经济和流域开发计划的环境影响评价等，使其更加规范化、制度化。要统筹经济、社会、生态之间的关系，建立经济社会发展与生态环境保护的综合决策机制，把保护环境纳入各级政府的长远规划和年度计划中，不断提高政府在发展经济、利用资源和保护环境方面的综合决策能力。要建立良性的以循环经济为主要内容的经济发展机制，走循环经济之路。这是我们当前要着力建设的发展机制，它既有利于资源节约，又有利于环境保护，是经济发展的新模式。

2. 辩证地对待科学技术

现代化是伴随着科学技术的发展而出现的，科学技术带来了大量的物质财富和丰富的精神生活，给人类的解放也带来了希望。但是科学技术是一把“双刃剑”，它对现代化起到推动作用，促进了人类发展，同时也带来了消极影响，一方面，它把幸福和快乐给予了人类；另一方面，它也把烦恼和痛苦带给了人类。在当今中国，有很大一部分人还看不到科学技术的负面效应，在他们的眼里科学技术是天使，而不是魔鬼。赫伯特·豪普特曼指出了科学技术破坏生态环境的严重性：全球的科学家“每年差不多把 200 万个小时用于破坏这个星球的工作上，这个世界上有 30% 的科学家、工程师和技术人员从事以军事为目的的研究开发”“在缺乏伦理控制的情况下，必须意识到，科学及它的产物可能会损害社会及其未来”“一方面是闪电般前进的科学和技术，另一方面则是冰川式进化的人类的精神态度和行为方式——如果以世纪为单位来测量的话。科学和良心之间、技术和道德行为之间这种不平衡的冲突已经达到了如此的地步，他们如果不以有力的手段尽快地加以解决的话，即使毁灭不了这个星球，也会危及整个人类的生存。”[①] 我们必须清楚，科学技术本身是中性的，是无所谓善恶美丑的。它可以为人类谋利，也可以成为祸害，关键要看什么样的人，在什么样的思想指导下，为了什么目的在使用科学技术。科学技术的这个特点有别于资本，资本不是中性的，不是“自在之物”，而是一种生产关系，所以它在本性上与生态文明是对立的。从一定意义上来说，科学技术是“自在之物”，它对现实生活的影响不是由它自身决定的，而是由使用它的人决定的。为了实现以生态为导向的现代化，我们对待科学技术的态度是既要发展，又要驾驭和监督。

3. 发展绿色技术

当前，加强生态技术创新，发展绿色技术成为科技创新的重点，特别是要加快先进适用的绿色技术的推广和应用。发展绿色技术，特别要鼓励生态科技型中小企业

① 保罗·库尔兹.21 世纪的人道主义 [M]. 肖峰，等译 . 北京：东方出版社，1998.

的发展，并在信贷政策、税收政策、财政政策等方面给予一定的倾斜，实行与国有企业相同，甚至是更优惠的政策。在生态化高新技术成果的转化方面，为生态型中小企业建立风险基金和创新基金，使社会资金流向促进生态科技进步的事业。发展绿色技术，就要使生态科技中介服务体系的功能社会化、网络化，推进生态科普工作的开展。要努力建设生态科技园区，以便于充分发挥绿色技术在经济发展中的辐射带动作用。发展绿色技术，就要加强绿色科技的培训工作，鼓励科技人员流向绿色技术推广应用的第一线。

科学技术的创新在很大程度上促进了节能减排目标的实现。近年来，欧盟国家在相关政策的引导和扶持下，大力发展节能减排技术，对工业制造业中的高耗能设备进行积极改造，他们把供热、供气和发电等方式结合起来运用，大大提高了热量的回收率。现在，欧盟成员国制造的具有节能减排功能的新型涡轮发电机已经批量投入使用，这种发电机利用工厂锅炉产生的多余动能进行发电，可以产生更多的电能，能效提高 30% 以上。欧盟成员国认为，一个社会是不是生态循环型社会，要看这个国家是不是真正形成了垃圾转换能源（WTE）的理念。这些思想和措施极大地促进了垃圾焚烧新技术和设备的开发，提高了垃圾中有机物的燃烧和利用效率，减少了污染环境和温室气体等有害物质的形成。日本各大公司都在进行科技创新，特别是涉及国民经济的钢铁、电力、冶炼等部门，他们挖空心思地寻找节能减排的办法。丰田和本田是世界上生产混合燃料车技术的佼佼者，他们生产的新型混合燃料公交车节能效果极佳，并且在行驶时没有噪声。

4. 加强生态环境管理

（1）管理原则的生态化

管理原则的生态化就是在生产力充分发展的基础上，遵循自然规律，以实现人与自然之间的和谐发展。生态文明反映着科学技术和生产力的发展水平，也是新的社会发展方式和生活方式发展的必然要求，它不是一蹴而就的，需要坚持不懈的努力和奋斗，只有不断推进生产力和科学技术的发展，才能为生态问题的最终解决提供坚实的物质条件和技术手段。先进生产力的发展，要求人们在开发自然资源之前，一定要深入调查、切实掌握影响生态平衡的各种因素，确定开发措施不会给自然环境的结构和功能带来较大影响。这样，在促进经济发展的同时，又能够保持自然生态系统的相对平稳，必须坚决杜绝那种对生态环境采取掠夺式开发的生产经营方式。在实际管理中，坚持既要统筹规划，又要重点突出；既要分步实施，又要量力而行的原则。要学会从实际出发，实事求是，坚持按生态规律办事，充分发挥科技的力量，建设社会主义生态文明。

管理原则的生态化就是在建设社会主义生态文明的过程中，要坚持社会、经济、生态等方面效益共赢的原则，促进各方面的共同发展。发展生态经济，建设生态文明，从维护生态平衡的基点出发，加强对生态文明建设的管理，就是要在经济发展、社会进步、生态平衡的基础上，努力实现自然、经济、社会的可持续发展。一切经济活动的存在和运行都离不开生态系统的平衡，生态系统充当了一种实际性的载体，离开了生态系统的平衡，就失去了可持续发展的前提，经济和社会就会陷入混乱不堪的状态之中。所以，要想维持生产的正常发展，必须把生产力的社会性特征和生产力的自然性特征有机地结合起来，并作为推动社会发展的综合性力量。坚持经济效益、社会效益、生态效益的协调发展，使生态经济成为我国经济发展中的一个新亮点。

（2）管理手段的生态化

管理手段生态化的手段，主要包括三个方面：经济手段、行政手段、法律手段。第一，经济手段。经济手段是政府运用财政政策和货币政策对生态文明建设实施的管理。一方面，要建立有利于保护生态环境的财政政策，在生态文明建设上加大财政支出的力度，如增加林业建设的投入资金，增加水土保持和治理的资金，对生态技术和生态产业的发展实施财政倾斜政策等。要投入更多的绿色基金，帮助企业兴建效益好、污染少的投资项目，或者帮助企业修缮保护环境的基础设施。在实施绿色基金的过程中，要坚持“污染者付费”的处罚措施和“不污染补偿”的奖励办法，刺激企业更多地选择绿色发展战略。所以，政府应加大生态方面的财政预算，通过财政政策加强对生态文明建设的管理。另一方面，要运用货币政策保护环境，加强对生态文明建设的管理。我们的货币政策要向那些对生态平衡发展有益的行业倾斜，包括国家要采取低息或无息贷款等利率工具来鼓励生态文明建设等；相反，那些对生态平衡发展有害的行业，国家要采取高息或者拒绝贷款的方式加以限制。第二，行政手段。这里的行政手段是指各级行政管理机构依据国家的法律法规，运用自身所拥有的行政权限实施生态文明建设的手段，这些手段包括指示、规定、命令、指令性计划等。在建设生态文明的过程中，各级行政管理机构对其所管辖的领域和部门实行统一管理。行政手段与其他手段相比，其明显特征就在于它的强制性和影响力，这一点是其他手段所不能做到的，行政手段是建设生态文明的必需手段。第三，法律手段。这里的法律手段是指生态文明建设的管理者依据相关的法律法规，对那些不利于生态环境保护的行为进行约束，以推进生态文明建设。生态文明建设的正常进行，离不开法律法规的保障。在全面建设小康社会的过程中，随着市场经济的不断发展和法治化进程的加快，保护环境的法律法规将会发挥越来越重要的作用。利用法律手段来管理生态文明建设，有利于减少污染、保护自然资源和维护生态平衡，从制度上保证经济手段和行政手段的正常实施。立法部门应建立健全涉及环境保护的法律法规，加强法律的可操作性，在生态文明建设中真正做到有法可依，有法必依，执法必严，违法必究，并加大对破坏生态文明行为的惩罚力度，增强法律的震慑力。

（3）管理过程的生态化

生态治理是为了协调人与自然的关系，实现经济发展和环境保护的"双赢"，而实施的维持生态平衡的管理过程。在生态文明建设过程中，既要关心生态治理与环境保护之间的关系，又要注意生态治理与经济发展之间的关系。生态治理与环境保护是两个不同层次的概念，环境保护是生态治理概念中的重要内容。除保护环境之外，生态治理还有丰富的内涵。生态治理不是简单地保护环境，而是要在妥善解决人与自然之间对抗性关系的基础上，实现人与自然的和谐相处，它贯穿于人类社会的全过程，以促进人类社会的可持续发展为最终目标。人类要发展就要开发利用自然，人们对自然的开发利用必然会影响自然环境，甚至会改变自然界中一些事物的存在方式。生态治理没有简单地排斥或否定人们的实践活动，而是要求人们在开发利用自然的过程中，按照自然规律的要求办事，把对自然的负面影响降到最低，并对自然环境进行修复。换句话说，生态治理坚持一手抓经济发展，一手抓环境保护，在发展中保护环境，用优良的环境促进发展。

伴随着人们对人与自然关系认识的深入，以及对工业化导致的生态问题的反思，生态治理的影响逐渐加大。由于西方国家奉行的是"先污染，后治理"的发展模式，在实现工业化的过程中置生态环境于不顾，在经济发展之后再回过头来治理污染，这样做虽然是"亡羊补牢、犹未为晚"，但是对于自然生态环境而言，许多破坏一旦发生就不可挽回了，如珍稀物种的灭亡。保护环境、治理污染是刻不容缓的事情，如果不采取切实有效的措施加以遏制和改变，就会威胁到当代人的生活和健康，损害子孙后代赖以生存的根基。随着公民社会的发展，公民意识的觉醒，我们不但要充分发挥政府的主导作用，而且要积极引导企业、个人等多种行为主体参与到生态文明建设中来。无论是生态治疗还是生态预防，无论是局部治理还是综合治理，无论是政府管制还是多元治理，生态治理范式的转变势在必行。同时，适应当今时代的全球化特征，国与国之间、区域与区域之间相互依存、相互影响，特别是在环境问题上更是如此。我们既要加强国际交流与合作，又要加强国内各区域之间的协调，积极建立相互协调的联动机制，实施综合治理，真正实现人与自然关系的和谐。

（二）优化产业结构

要促进生态文明建设的健康发展，就必须优化产业结构，促进产业结构的不断升级。产业结构升级包括两个方面：一是由于各产业技术进步速度不同而导致的各产业增长速度不同，从而引起一国产业结构发生变化；二是在一国不同的发展阶段需要由不同的主导产业来推动国家的发展，伴随着经济发展的主导产业更替直接影响到一国的生产和消费的方方面面，在根本上对一国产业结构造成了巨大冲击。依据政府的宏观调控政策，优化生产要素在各个产业构成中的比例关系，合理地配置资源，不断提高产业的生产效率。优化产业结构，完善政府的相关政策和市场机制的正常运行，保证生产过程的生态化转向，也只有这样，才能实现经济和生态效益的“双赢”。

1. 生态工业

所谓生态工业是以生态理论为指导，从生态系统的承载能力出发，模拟自然生态系统各个组成部分（生产者、消费者、分解者）的功能，充分利用不同企业、产业、项目或者工艺流程之间，资源、主副产品或者废弃物的横向耦合、纵向闭合、上下衔接、协同共生的相互关系，依据加环增值、增效或减耗和生产链延长增值原理，运用现代化的工业技术、信息技术、经济措施优化组合，构建一个物质和能量多层利用、良性循环且转化率高、经济效益与生态效益“双赢”的工业链网结构，从而实现可持续发展的产业。在生态文明建设的过程中，能否转变发展方式的关键就在于能否发展生态工业。传统工业是线性生产模式，末端控制和废弃物丢弃是其中的两个弊端，它们不但在生产过程中浪费大量资源，而且在污染治理上也花费了大量的人力、物力、财力。传统工业是线性的开环模式，生态工业是循环的闭环系统，两种模式一开一闭，用简单的图示表示就是：原材料—生产—产品消费—废弃物—丢入环境（传统工业）；原材料—生产—产品消费—废弃物—二次原料（生态工业）。生态化发展理念，体现出人与自然之间新的物质变换关系，它既能够保护环境，又能够不断促进工业生产的发展，是人与自然之间的最优模式。

2. 生态农业

建设生态文明，需要实现从传统农业到生态农业的转变。生态农业的发展要遵循“市场化、信息化、集约化、生态化”的基本原则，走出一条农业生产一体化和农业生态化的发展之路，逐步完成从传统农业向生态农业的转变。从国民经济的产业结构分析，在发展生态农业过程中要注意以下几个方面。第一，大力发展农业经济一体化。国民经济的产业结构体系是一个大系统，系统中各组成部分相互联系、相互作用。农业不可能孤立地发展，它需要和工业、服务业、信息业相联系，离开了这些方面的支持，农业生产就无法正常进行。因此，农业一体化就是指在整个农业生产经营活动中，把产前、产中、产后等都纳入国民经济活动中。一般来说，产前包括农药、化肥、种子、农机；产中包括播种、中耕、除草、收割；产后包括烘干、加工、储藏、包装、销售。农业的整个生产经营活动，它的产前、产中、产后三个阶段，是一个包括产供销、农工贸、经科教在内的一体化体系。农业一体化坚持以市场为导向，以经济效益为中心，从宏观上优化农业资源的配置，并对各个生产要素重新进行排列组合。所以，发展生态农业，实现农业经济一体化是农业现代化的必由之路。第二，促进农业的生态化发展。农业有大农业和小农业之分，大农业是指包括种植业、林业、畜牧业、副业和渔业等在内的农业生产体系发展生态农业，调整农业生产布局时，既要考虑到所处的地理位置和环境的影响，也要考虑到人们的饮食营养需要。小农业是指一般意义上的种植业，种植的对象包括粮食作物、经济作物和其他作物。种植业生产是第一性的生产，它为其他生产提供直接或间接的原料，所以，在农业结构体系中，种植业是基础结构，处于优先发展的地位，是生态农业的基础。土地是生态农业中最基本的生产资料，是由各种自然要素组成的综合体，是进行农、林、牧、副、渔业等生产活动的地壳表层，具有对农作物生长和发育的培育能力。第三，生态农业发展方式。在不断优化自然界生态环境的基础上，还要把农业生态系统中的生产者、消费者、分解者联系起来，把它们之间的物质循环、能量转化、生物增长过程联系起来，使其形成一个动态的、平衡的良性循环过程。这就需要把生态农业的三大产业即种植业、畜牧业、食品加工业有机地结合起来，利用生态技术和生物工程，改造传统农业的耕作机制，形成以"种植业—畜牧业—食品加工业"为链条的产业发展结构。

3. 生态服务业

（1）建立以环保产业为基础的绿色产业体系

经过30多年的发展，特别是自实施"十一五"规划以来，我国环保产业发展迅速，总体规模不断扩大。随着环保产业领域的拓展和整体水平的不断提升，我国的环保产业在防治污染、改善环境、保护资源、维持社会的可持续发展等方面，发挥着积极的作用。但从总体上看，我国的环保产业仍然存在许多问题，整体水平与核心竞争力偏低；关键设备及相关技术仍然落后于发达国家；环境服务的规模小、市场化缓慢，还在起步阶段徘徊；环保产业的发展跟不上环保工作的要求。第一，环保产业的发展离不开完善的政策体系的指导。建立健全环保方面的法律法规以及技术管理体系，有利于环保产业的健康发展。为此，我们就要加快制定我国环境方面污染治理技术政策、工程技术规范、环保产品技术标准等。通过相应的法律法规和政策制度的引导，鼓励那些技术先进、效益较好、高效环保的技术装备或产品的发展；限制或淘汰那些相对落后的技术设备和产品工艺的发展。第二，环保产业的发展要求创新环境科技，提高技术水平。要大力推进技术创新体系的建设，充分发挥企业的主体作用、市场的导向作用。在国家的财政政策、金融政策等方面对环保技术的自主创新进行一定程度的倾斜，特别是要结合重大的环保项目，发展一批具有自主知识产权的环保技术。通过对环保技术的调整和优化，对于那些具有比较优势，国内市场需求量大的环保技术和产品加大扶持力度，并进一步巩固和提高；对于那些与国外先进水平差距较大，而在国内属于空白急需的环保技术和产品要特别关注、加快开发速度；对于有比较优势、有出口创汇能力的环保技术和产品要积极发展；对于那些性能落后、高耗低效、供过于求的工艺和产品要依法淘汰。第三，发展环保产业要求增加投资，建立多元化的产业投资体系。对于环保产业的发展，各级政府负有不可推卸的责任。政府应该在投资数额、投资渠道上加大力度，建立健全与市场机制相适应的投融资机制，调动起全社会投资环保产业的积极性。第四，环保产业的发展要求实现环境服务业的市场化和产业化进程。要大力推进污染治理设施运营业的发展，建立健全污染治理设施运营的监督管理制度，实现环境治理设施运营的企业化、市场化、社会化。在环保产业服务领域要杜绝垄断经营现象的存在，引入市场竞争机制，放宽市场准入条件，鼓励环保服务企业之间的优化组合、优胜劣汰。要建立健全环保产业服务体系，包括项目建设、资金流动、咨询服务、人才培训等方面，为环保产业发展提供综合性、高质量、全方位的服务，逐步提高服务业在环保产业中的比重。

（2）调整优化服务结构，加快生态服务业发展

生态文明建设的正常进行，离不开生态服务业的健康发展。我们应该把发展生态服务业放在经济社会发展的重要位置上对待，以增加就业、扩大消费，并通过市场化、产业化、社会化、城镇化来带动生态服务业的发展，提高生态服务业在国民经济中的比重。第一，旅游业。发展生态旅游业，就要从生态景观、生态文化和民族风情三大主题入手，在旅游线路、景区的规划上做足文章，以优化配置旅游资源。鼓励“生态旅游城市”的创建活动，加大对生态旅游产品的开发，使生态旅游产业形成一定规模，成为生态服务业中的“重头戏”。对生态旅游业要加大投入力度，并用优惠的政策做保障，把众多的投资主体吸引到生态旅游业的开发上来，形成以政府为主

导，以企业为主体的投融资机制。要切实加强生态旅游队伍的建设，对生态旅游专业人才加强培训，在生态经营方面实施严格管理，以提高服务质量，赢取社会的信誉。要不断加强与周边省区的联系与交流，实行跨地区、跨景点的生态旅游联销经营，积极拓展生态旅游市场，争取创立一批极具影响力的生态旅游精品。生态旅游业有三个方面的作用：经济方面是刺激经济活力、减少贫困；社会方面是为最弱势人群创造就业岗位；环境方面是为保护自然和文化资源提供必要的财力。生态旅游业以旅游促进生态保护，以生态保护促进旅游，它是一项科技含量很高的绿色产业。故首先要科学论证，否则，将造成不可逆转的干扰和破坏；其次，要规划内容，使生态旅游成为人们学习大自然、热爱大自然、保护大自然的大学校。第二，商贸流通业。发展商贸流通业就是要在主要产品集散地，形成大宗生态商品的批发贸易，加强生态产品市场的建设，扩大其经营规模；可以采用连锁直销、物流联运、网上销售等方式，提高生态商贸流通的质量和效益。第三，现代服务业。要不断完善涉及生态产品市场的运作与经营，培育和发展生态资本市场，扩大金融保险业的业务领域，促进现代服务业的完善。积极发展地方性金融业，推进证券、信托等非银行金融机构的建设；加快发展会计、审计、法律等中介服务，提高生态服务业的整体水平。在社区，生态服务业要重点放在以居民住宅为主的生态化的物业管理上，推动文化、娱乐、培训、体育、保健等产业发展，使社区的服务业自成体系，形成各种生态经营方式并存、服务门类齐全、方便人民生活的高质量、高效益的社区服务体系。

（三）发展生态经济

虽然自然界本身具有自力更生的能力，但是受自然界自身规律的制约，在一定条件下自然界的资源储量和自净化能力是有限的，所以人类在生产劳动中要注意节约和综合利用自然资源，促进生态化产业体系的形成，使生态产业在经济增长中的比重不断上升。生态经济其实就是生态加经济的代名词，它是指经济发展与生态保护之间的平衡状态，是经济、社会、生态三者之间效益的有机统一。生态经济强调以人为本，也就是以人的幸福生存、健康发展作为一切经济行为背后的基本动因。当前，生态经济发展的重点除了调整经济结构的相关内容外，还涉及开发新能源、发展循环经济等方面的内容。

1. 开发新能源

新能源主要是指直接或者间接地来自地球内部或太阳所产生的热能，包括太阳能、风能、生物质能、地热能、水能和海洋能以及由可再生能源衍生出来的生物燃料和氢所产生的能量。联合国开发计划署（UNDP）把新能源大体分为大中型水电、新可再生能源和传统生物质能三个大类。从目前世界各国生态资源环境的状况分析，大规模地开发利用新能源是未来各国能源战略的重点。

2. 发展循环经济

（1）树立回收再利用思想

发展循环经济，要树立回收再利用的思想。在近代以前，人们生产生活的废弃物基本上没有干扰到自然界的物质循环过程。但在近代以来，由于科学技术水平的提高，大量原来自然界中不存在的东西被制造出来并消费，这类废弃物很难被自然本身净化，并且对人极为有害，给自然界的物质循环系统带来了极大压力，产生了严重的生态危机。长期以来，在处理人与自然的关系中极端人类中心主义占据了上风，但是以人类为中心并不意味着人可以支配、战胜自然。恩格斯曾经对人类过度开垦自然、妄图支配和战胜自然的做法给予了深刻讽刺，指出人类对自然的胜利，自然界都报复了我们。所以，人类的任务应该是调节或适应人与自然的物质代谢的存在方式，而不是去占有或支配。一个大量生产的社会，必然也是大量消费和大量废弃的社会。废弃物并非完全没有利用的价值，很多废弃物是可以作为二次原料进入生产领域的。如果大量废弃物不能回收利用，那就真的是废弃物了，不但浪费资源和劳动价值，而且严重污染环境。当然，资本主义并非一点不关心废弃物，一方面从追求利润的资本的逻辑出发，当再利用废弃物可以取得很好的经济效益时，他们会回收再利用。资本这样做的原因不是其使用价值，而是其经济效益。另一方面当废弃物增加时，作为垃圾，从公共卫生的观点看，它要求全社会的共同努力，拿出办法去解决。

我们必须对大量生产、大量消费、大量放弃的生存方式进行反思，无论是废弃物的产生还是再利用，只要人们的生产方式、生活方式不变，对废弃物的循环再利用恐怕是纸上谈兵的多。在党的十八大报告中，在谈到转变经济发展方式的时候强调了要更多地依靠节约资源和发展循环经济的思想，并且进一步指出，发展循环经济，以促进生产、流通、交换、消费过程的减量化、再利用和资源化。党的十八届三中全会报告在谈到建立完善生态文明制度时指出，干部考核不应只重视、只关注经济 GDP 的增长，这只是考核标准之一，还应对两极分化、贫富差距、道德滑坡、环境恶化、资源浪费、社会稳定等方面进行综合性衡量。建设和谐社会，不仅仅要看经济的发展水平，还要看政治是否民主、生态是否文明、思想是否道德、社会关系是否和谐等。建设生态文明，就目前来说关键一点是要改变组织部门干部的政绩考核升迁标准，树立起领导干部的循环经济意识。

（2）建立相应的激励机制

随着改革开放的深入发展，我们发现，中国经济在高速增长的同时，也带来了严重的资源环境问题，而受到影响和破坏的资源环境问题又反过来制约经济社会的进一步发展，可以毫不夸张地说，中国的经济社会发展已经走入了资源环境的"卡夫丁峡谷"。要走出这种困境，中国必须谋求经济发展方式的转变，大力发展循环经济就是其中的重要内容。党的十七大报告在阐述生态文明时，提出要建设好两型社会的思想。党的十八大报告在阐述市场经济体制完善和经济发展方式转变时，提出要大力推动循环经济的发展。这就需要建立一个公平合理的激励机制，使政府、企业与个人，局部利益和整体利益，自身利益与他人利益有机结合起来，在平等互利、自觉自愿的基础上参与到促进循环经济发展的实践当中。促进循环经济发展的激励机制主要体现在价格、税收和财政补贴以及干部考核体系等相关内容的完善上。一是要使资源税走向规范化、合理化，加上财政补贴等手段的运用，尽可能地在生产活动、消费活动与循环经济发展之间建立起密切联系。我们可以从国外学习到许多先进经验。美国鼓励燃料电池车和乙醇动力车的研发和使用，对购买这些新能源车辆的消费者给予较大的减税优惠；日本鼓励民间企业从事废弃物再生资源设备、"3R"设备投资和工艺改进等，并采取给予财政税收方面的优惠措施。中国是世界煤炭消费大国、石油消费大国，在消费大量的煤炭石油等不可再生能源时，由于受生产模式与传统消费模式影响，产生了严重的资源浪费和环境污染问题。例如，焦炭行业属于高污染行业，环节多，强度高，但国家对焦炭征收的资源税在 8 元 / 吨左右，如此低廉的税费对于动辄几千元价格的焦炭而言，影响力不大，更不用说依靠税费来抑制焦炭的生产和出口了。因此，形成科学、合理、规范的资源税收体系，特别是在煤炭、焦炭、稀有金属等资源方面，同时大力扶持新能源的研发和使用，并给予适当补贴，是发展循环经济的必走之路。二是对那些储量稀少和价格严重扭曲的资源进行适当调整，使商品价格与市场的有效需求相一致，利用价格杠杆来抑制资源生产和消费上的非市场行为。三是要实施绿色 GDP 干部考核指标体系。在干部考核中既要看经济发展情况，又要看生态环境状况，用绿色 GDP 代替以往唯 GDP 主义是从的不合理考核体系，也就是把发展循环经济、新能源、保护生态环境等内容纳入考核体系中去。在发展循环经济中还要去除地方保护主义、小集团主义等只顾小家不顾大家的做法，按照国家的总体要求，结合本地区资源环境的承载能力，调整产业结构，发展新能源，加速循环经济的发展。

（3）平衡各方面利益

在循环经济的发展上，我们与发达国家相比基础条件比较差，许多核心技术和关键设备还需要进口，这就难免被动。因此，在循环经济发展的初期阶段，生产成本可能会相对较高，甚至入不敷出的情况也可能发生，这是转变发展方式，发展新兴产业必然要经历的阶段。在这种情况下，作为公共管理者的政府就要承担起自己的责任，利用有利的财政金融政策进行扶持，绝不能与民争利，也不能置之不理。当前，发展循环经济的重点是要确立科学、合理、公平的投融资体系和分配方式，利用财政、税收、金融方面的政策积极鼓励。要使循环经济真正能造福于民，就要在各级各类各部门之间平衡好利益关系，否则，再好的政策也可能半途而废或走向反面。通过行政体制改革和众多依法行政举措的实施，政府部门的职能已基本界定，工作也大有改进。作为公共管理者的政府要以提供各种服务和平台为主，要学会放权让利，适时调整政策，尽可能地遵循市场经济规律办事，把决定权放给企业和市场，维护市场竞争的公平性。当然，在发展循环经济中，我国还缺乏诸如信息处理中心、物资回收中心和废物交换中心等中介机构，在广泛吸纳民间资本、发挥非营利性社会中介组织积极性作用的基础上，形成政府、企业、个人的合力，取长补短，共同促进循环经济的发展。

第二节　国外生态文明建设的实践与经验

一、国外生态文明建设的实践

（一）美国生态文明建设实践

美国在寻求环境保护和生态文明建设的科学之路上，已经走在了世界的前列。美国的生态文明建设主要体现在可持续发展和环境保护两个方面。

1. 可持续发展

美国经济的可持续发展主要体现在能源战略上。20 世纪 70 年代末，美国就制定了一系列以循环为目标的能源政策。一是通过财政手段鼓励可再生能源的开发和利用。美国积极地为可再生能源的科研项目拨款资助，并且优先将抵税优惠提供给可再生能源利用的相关项目。二是充分合理地利用现有资源，尽量保护生态环境，维持生态系统的平衡。目前，水电是美国最大的传统可再生能源，占能源产量的 10% 左右。美国煤炭资源非常丰富，为了减少煤炭资源在使用过程中对环境造成的污染，美国大力进行相关污染防治技术的研发。三是进行政策倾斜，鼓励人们节约能源。例如，《2005能源政策法案》，旨在鼓励人们购买和使用清洁能源及设备。生产节能型家电的企业能够得到抵税优惠，消费者购买这样的产品也能够获得优惠。同时，美国还在全国范围内大力推行绿色建筑等降低资源与能源消耗的举措。

2.环境保护

美国环境保护运动始于19世纪末与20世纪初的资源和荒野保护运动。美国现代环保运动以生态学为理论基础，强调环境的污染和破坏对人类的危害。美国经济崛起初期，自然资源遭到了惊人的浪费和破坏。在19世纪末，人们逐渐意识到生态环境的作用和价值，兴起了资源和荒野保护运动。1969年，美国通过了《国家环境政策法》，该法从保护整个人类生存的环境出发，集社会环境、资源、人口、经济、文化发展于一体进行全面协调和规划。1970年成立国家环境保护署，并且成立了由总统领导的环境质量委员会等专门机构，期间形成的重要法律法规有《清洁空气法》《美国工业污染控制法》《水污染控制法》《水土保持法案》《联邦杀虫剂控制法》《鱼类和野生动物法案》《国有森林保护法案》等30余项，对生态的建设和保护、工业及农业生产对环境的污染等都有严格的法律限定。与此同时，地方政府针对自身的情况在联邦法规的基础上制定相应的地方法规，从而形成了完善的法律法规体系。此外，美国在环境保护方面已经形成多个部门联合、综合性的行动。同时，美国政府还利用市场手段，主要包括：环境税、生态补偿、排污收费、排污权交易等解决环境保护问题。尤为重要的是，美国公民环境保护意识的觉醒、全民参与环保、扎实的环境教育及数量众多的民间环保组织的成立，在美国的生态文明建设中发挥了重要的作用。

（二）瑞典生态文明建设实践

瑞典是生态文明理念的先行者。瑞典于1964年制定了《自然保护法》，对国家公园、自然遗迹、动植物物种及海岸和河岸保护区的保护进行了规定。1969年，瑞典颁布《环境保护法》，对水体污染、大气污染、噪声污染和其他污染的治理进行了规定。1994年，瑞典实施首个国家可持续发展战略（NSDS），并分别于2004年和2006年对其进行修订和更新。瑞典的国家可持续发展战略涵盖了经济、社会和生态环境三个方面，形成了一套完整、科学的可持续发展体系，并在实践中取得显著的效果。具体表现为：瑞典酸化和富营养化水体持续减少、可再生能源的比例超过47%、空气的PM2.5浓度基本都在20以下、2012年比1990年的温室气体排放量下降了20%等。

瑞典在生态文明建设过程中采取的具体实践措施包括以下三方面。

1. 明确环境立法和环境目标

一直以来，立法是瑞典处理环境问题的有力工具。伴随着不断健全的环境法律体系，瑞典的环境政策原则和生态文明建设由理论走向实践。瑞典制定的《环境保护法典》，是全球第一部环境保护方面的法典，成了全球环境保护史上的里程碑。随后，瑞典议会逐步通过了气候影响减轻、无人为酸化、动植物物种丰富多样、建筑环境优良美好等 16 项国家级环境质量目标（EQOS）。为确保这些目标的实现，瑞典相关部门进行实时跟踪与评估，根据变化提出相应策略。同时，瑞典环境保护署（EPA）向瑞典政府就环境政策与立法提出建议，并确保各项环境决策得以贯彻实施。

2. 加强国际合作

环境危机是种全球化且无边界的现象，但主权国家的政治边界则相对较为稳定。瑞典国土面积较小，相邻国家的环境污染，尤其是水污染、大气污染等对本国有较大的影响，因此瑞典非常重视国际的合作。为保护邻近海域，瑞典积极参与国际环境保护的各项工作，如处理波罗的海的污染问题。瑞典政府将海洋工作作为其重点工作，于 2011 年成立了海洋和水资源管理局。2013 年，瑞典政府安排了 5.03 亿瑞典克朗用于解决国际海洋和水资源问题。

3. 生态标识推动绿色环保

通过生态标识来推动绿色环保是瑞典在生态文明建设上的亮点，如 KRAV 标识、Svanen 标识等。KRAV 标识主要是针对有机食品，贴有此标识的商品意味着必须满足不得使用化肥、农药或转基因微生物的要求。Svanen 标识为北欧地区官方生态标识，贴有 Svanen 标识的商品和服务，意味着其全过程的环境影响都得到了官方的检查和批准。同时，人们也非常乐意购买这样的产品和服务。此外，瑞典在制定环境保护相关法律法规中的全面协商制度，环境保护信息的公开和透明，积极开发新能源来代替不可再生资源的政策，根据自身生态环境的特点结合国际环境制定环境保护法律法规体系等方面的努力，也为瑞典生态文明的建设提供了有力的保障。

（三）俄罗斯生态文明建设实践

近 10 年来，俄罗斯环境状况不容乐观，环境污染和环境破坏加剧，形势恶化。60% 的俄罗斯人生活在对健康有害的环境中。总体上，俄罗斯环境形势严峻，具体表现在以下几个方面。

1. 城市大气污染严重超标

俄罗斯联邦气象环境监督局的定期调查显示，1999—2003 年大气污染指标不断攀升，2003 年俄罗斯排出的污染物质总量为 3530 万吨，比 2002 年增加了 70 万吨。

在定期监测的253个城市中，有145个城市的大气污染处于较高水平。2006年5月该局宣布，俄罗斯大城市空气污染水平依然超标。工业生产加快和汽车数量增加是加重大气污染的因素，汽车尾气排放量的不断增加，形成了长期性的大气污染。俄罗斯还出现41座大气重度污染城市，有些城市的个别有害物质超过最高容许度10倍。

2. 河流湖泊遭受不同程度污染

俄罗斯河流污染严重，河流中的铜、铁浓度超过最大容许度。其中，鲁德纳亚河污染最为严重，主要是采矿业废水未经处理直接排入该河，伏尔加河、顿河、库班河等还存在超标百倍的细菌污染。贝加尔湖生物多样性丰富，是世界上最古老、最深的湖，被列入世界文化遗产，但该湖受水力发电、森林砍伐、农业移民和造纸工厂的影响，生态环境发生破坏性变化。贝加尔湖海豹的多氯联苯（PCB）、双对氯苯基三氯乙烷（DDT）浓度非常高，比北极海及里海的海豹还高。该湖海豹的大量死亡，主要是纸浆工厂排出的化学物质所致。

3. 俄罗斯海湾、海底、海域污染接连不断

2003年阿穆尔湾、乌苏里湾、纳霍德卡湾水质遭受污染。2003年俄罗斯向日本海沿岸地区排放了319亿立方米污水。另外，大彼得湾的水质污染还造成了海底污染，其中，油、苯、农药和重金属严重超标，油浓度超过24～26倍，苯超过2～5倍，农药超过2～16倍，重金属超过2～7倍。2007年11月11日，俄罗斯南部刻赤海峡的高加索港附近海域，因风暴天气5艘俄籍船只失事，1000多吨重油泄漏，形成了非常严重的环境灾难。环保组织称，恢复刻赤海峡的生态环境可能需要10年时间，有毒物质将会影响鱼类、鸟类与海洋哺乳动物。

4. 森林资源不断减少

俄罗斯是世界森林面积最大的国家，其森林面积占世界森林面积的20%以上，针叶林面积占60%以上。目前，针叶树蓄积量正快速减少，乌拉尔山脉和远东地区减少明显，主要原因是森林采伐和森林火灾。进入20世纪90年代，可换取外汇的森林遭到集中采伐，非法采伐更为严重。在哈巴罗夫斯克地区较早进行采伐的地方，森林资源枯竭，陷入不能持续采伐的状况。1998年哈巴罗夫斯克地区发生大规模森林火灾，200万公顷以上的森林受害。2006年俄罗斯林业部门登记了2.5万多起森林火灾，受灾面积达130万公顷。2007年8月，赤塔州因森林大火，宣布进入紧急状态。俄罗斯林业部门预测，2007年俄罗斯森林发生火灾的受灾面积超过5年来的平均水平。

5. 生物多样性锐减

无规制的木材采伐给俄罗斯古老的原生林带来了重大危机。森林中的各种生物，如阿穆尔虎、远东豹、喜马拉雅熊受到严重影响。居住在俄罗斯远东地区森林中的豹仅有 30 头左右，濒临灭绝危机。乌苏里是俄罗斯生物多样性最丰富的地区，是蝴蝶、白鹳等稀有物种的宝库，因人为放火和开垦湿地，破坏了这些物种的柄息环境。在鄂霍次克海海域因石油和天然气开发，沿岸生物多样性亦受到严重威胁。

6. 核放射性污染突出

俄罗斯正成为世界核废料的垃圾场。工厂工人和周边居民遭到大量放射性物质的侵害。

由以上可以看出，俄罗斯环境污染和环境破坏十分严重，已处于超危机状态，呈现结构性、复合性、持久性和灾难性特征。多年来，俄罗斯积极依法治理环境问题，基本形成了以环境立法、环境执法和环境司法等组成的环保法律机制。

环境立法方面：形成以宪法规定为基石，以环保基本法为基础，以个别法规为内容的环境法律体系。俄联邦宪法规定，每个人都有享受良好环境的权利，每个人都必须爱护自然环境，珍惜自然财富。1991 年 12 月俄罗斯联邦颁布《自然环境保护法》，成为俄罗斯环境保护总体框架的基本法，显示出俄罗斯联邦保护环境的决心。其后，环境保护的法令和行政法规陆续出台，如《地下资源法》《特别自然保护区法》《俄罗斯联邦水法典》，1996 年制定的《俄罗斯联邦刑法典》增设了环境犯罪，扩大了刑法在环保中的作用，1999 年颁布《大气保护法》，确立了向大气排放污染物的国家规制的法律基础。2002 年 1 月 10 日俄罗斯颁布新《环境保护法》，体现出俄罗斯在生态立法理念上的进步，更加注重生态经济机制在保障生态安全方面的作用，规定了生态审计制度、生态保险制度、生态许可制度和生态认证制度等，采取预防措施保障生态安全。2004 年修改《地下资源法》，将地下资源所有权归属联邦，地下资源的利用采用许可证方式和契约方式。对地下资源利用权、利用税、权益转让做出规定。2005 年俄罗斯计划制定首部《反污染法》，强制污染企业采用无污染的新技术。2005 年出台新《矿产资源法》，增加对固体矿产、石油天然气及地下水资源开采的要求和技术标准，加强国家对资源的垂直控制。2006 年 4 月俄罗斯通过新《俄罗斯联邦水法》，同年 11 月俄罗斯通过新《俄罗斯联邦林业法典》。新法确立了林业资源利用、保护、养护和再生等方面的法律规定，改变了俄罗斯林业关系的立法基础。

环境执法方面：俄罗斯独立以来，对苏联环境行政管理体制不断进行改革，试图摸索出行之有效的执法管理体制。原环境行政管理体制是以环境保护与自然资源部为核心，由水文气象和环境监测局、卫生防疫监督国家委员会、水利委员会、渔业委员会、土地资源和土地规划委员会、林业局、地质地下资源委员会、测绘和制图局等组成的行政架构庞大、管理职能重叠、环境监督责任不清的低效的管理体制，属于相对集中、分散管理模式。1996 年 8 月俄罗斯实行改革，废除环境保护与自然资源部、水利委员会、地质地下资源委员会，新设自然资源部和环境保护国家委员会。自然资源部可在自然资源的调查、再生产、利用、保护领域实施国家政策，是协调其他联邦执行权力机关活动的调整机构，还负责国家地下资源基金管理和水基金利用与管理。环境保护国家委员会负责国家环保政策、生态安全保障、生物多样性保持、部门间调整、生态控制与监察、自然保护区管理。这次改革虽具一定合理性，但产生了利害如何调整的问题。2000 年 6 月，俄罗斯政府决定将联邦国家环保局和国家林业局并入自然资源部，强化国家对自然资源的所有权，更好地符合经济可持续发展对自然资源合理开发利用，以及生态安全的要求，从此，俄罗斯的环境资源管理从分散趋向统一。在环境保护制度方面，创制出分离自然资源管理和产业活动监督的新模式。2004 年新组建的自然资源部由 7 个司组成，主要职责是负责国家政策制定和法规文件草案的起草、协调，同时管理联邦地下资源利用署、联邦林业署和联邦水资源署，还管理联邦自然资源利用监督局。另外，俄罗斯于 1994 年设立联邦紧急情况部，负责整个联邦自然和人为灾害应急救援的指挥和协调。该部在各类灾害和社会危机中都发挥了重要作用。需要指出，俄罗斯政府设立的俄罗斯生态警察对环境保护发挥了一定的积极作用，如清理大型垃圾堆积场、关闭非法垃圾倾倒点、查处破坏生态案件等，避免了很多经济损失。进入 21 世纪以来，生态警察继续发挥作用。

在环境司法方面：近年来，俄罗斯环境诉讼接连不断，环境司法基本上维护了环境公平和正义。2002 年的《环境保护法》规定，俄罗斯联邦国家权力机关、联邦各主体国家权力机关、公民有权对因违反《环境保护法》造成的环境损害提起赔偿诉讼。从事环保活动的社会团体和其他非商业性团体有权向俄罗斯联邦国家权力机关、联邦各主体国家权力机关、地方自治机关和法院提出请求，取消关于其经济活动和其他活动可能对环境产生不良影响的项目设计、布局、建设、改建和运营的决定，限制、停止和禁止对环境产生不良影响的经济和其他活动，还可向法院提起环境损害赔偿诉讼。

俄罗斯构建环保法律机制是积极的，基本上形成了预防、控制环境问题的法律对策架构，能发挥作为国家环境管理职能的作用，尤其是俄罗斯生态鉴定制度、生态警察制度和生态保险制度等得到不少国家的推崇，但是，俄罗斯环境法律制度仍有许多地方需要继续完善。俄罗斯毕竟处于转型期，环保制度设计难免遗留旧体制痕迹，最终能否高效地控制环境问题与危机还难以判断。同时，治理环境问题并非一朝一夕，即使法律制度健全，但因缺乏资金、技术、人才和观念，也无法实现治理环境的目的。即使法律制度先进，因现实社会的环境基础条件落后，也无法实现法律的调节作用。俄罗斯要想从根本上化解环境危机，必须进行一场深刻的结构改革，包括全面调整苏联遗留的工业基础，按市场原理继续推行环境行政改革，培育民众参与环境保护的社会力量，逐步养成现代环境伦理观和先进的生态文明观。

（四）墨西哥生态文明建设实践

群山环抱的墨西哥城也曾有过天蓝水清的历史记载，并有过“阳光城”的美誉。但随着20世纪墨西哥经济的飞速发展，城市化进程加快，从80年代开始，墨西哥城的空气污染就非常严重，加上墨西哥城三面环山的地理位置不利于污染物扩散。1992年，墨西哥城被联合国宣布为全球空气污染最严重的城市。加之宗教原因，墨西哥反对任何避孕措施，使人口无计划地急剧膨胀，还有汽车的大量增加，以及城市污染问题又没有及时得到解决，导致城市上空终日笼罩着一层黄色烟雾。经济发展使人们生活得到改善，但也给人们带来了许多灾难。其中，最突出的是，工农业生产和城市生活中排放的大量污染物使环境质量下降、危害人体健康、破坏生物资源、影响工农业生产。具体主要表现在以下几个方面。

（1）水源污染严重

墨西哥水源分布有两大特点。一是水源地势低，水源分布不平衡，北部缺水而南部地面水源充足，中部水源分布相对平均。二是水源和消费中心之间高度差距大。由于城市化和工业化进程加快，工业废水和生活污水严重污染水源，其中产生水污染的最大污染源是制糖、化学和石油化工、纤维和纸、咖啡、冶金和食品等行业。据报道，墨西哥79%的地面水源受到不同程度的污染，全国15条河流中，有9条受到不同程度的污染。另外，泄漏的污水严重污染太平洋沿岸水域。同时，由于设备短缺且多数设备年久失修，大量污水得不到完全处理。水中有害物质有增无减，因此，在废水和污水中有大量的细菌，如葡萄球菌，甚至人们在街上都可能受到这些细菌传染的威胁。

（2）固态垃圾严重污染环境

墨西哥沿海地区固态垃圾污染严重，这些固态垃圾主要来自石油开采部门倾倒的有毒物质、放射性物质和农业用杀菌剂残渣等；城市固态垃圾增多，市容环境被破坏，这主要是由于经济发展改变了人们的物质消费方式，城市固态垃圾类型也随之发生变化，同时，城市工业废料也不断增加；对人体有害的废料大量增加，这些有毒有害物质一方面来自各医疗部门和人们丢掉的有毒废弃物。例如，医院用过的注射器、放射性物质，以及其他有毒物质都没有固定存放点，一般都扔到垃圾桶。另一方面，来自国外的有害危险物污染也相当严重。根据 1988 年墨西哥和美国签署的协议，美国将 3 万吨危险废物运入墨西哥。这类垃圾至今源源不断地流入墨西哥和美国边境客户工业集中的地带，严重污染着墨西哥的环境。

（3）大气层严重失衡

大气层被污染是人类活动产生的副作用最为明显的结果之一。大气层被污染与三个污染源有关：能源生产、运输燃料消耗和一些特殊工业部门的生产。在墨西哥，主要污染源是运输业和工业。据估计，在墨西哥，来自燃料消耗产生的二氧化碳占世界燃料消耗产生的二氧化碳总量的 1.4%，严重的大气污染给人类和动物生命健康带来了极大的威胁。

（4）自然环境遭受破坏

由于不合理地利用和开发自然资源或进行大型工程建设，造成水土流失、土壤沙化和盐碱化，自然资源日渐枯竭、气候异常和生态平衡失调。墨西哥有灌溉土地 56 万公顷，占总面积的 2.4%。这些土地都有不同程度的土质板结，大大影响了农作物生长及其产量，使农民生活更为艰难。这种形势也是人们盲目流入城市的原因之一。

为此，墨西哥政府已认识到防止污染和保护自然资源的重要性并不断加强环保工作。面对日益严重的环境污染问题，在可持续发展战略指引下，墨西哥政府采取了如下措施。

（1）建立和健全法制机构，以监督生态环境

墨西哥政府在 1971 年制定的联邦预防和控制环境污染法的基础上，1991 年颁布了水法及一系列环境保护法规和措施；1994 年成立了生态环境、自然资源和渔业部，加强对自然资源和环境的管理和监督；在各大城市建立了环保监测机构和监测网，以监督和检查环保问题。之后又成立了环境合作委员会并同有关方面签订了相应环境协定。广大群众也纷纷自发组织起来，进行环境保护工作。此外，政府还成立执法队伍，如派大批海军进行海上巡逻，每天往返海上数十次，以监督海洋环境。

（2）政府立法，依法治水，增加投资，改善水质

1991 年 4 月 5 日，墨西哥总统萨利纳斯在全国自来水工作会议上强调贯彻水法的重要性，同时宣布了一项同污染水源现象做斗争的计划。其主要内容有：① 在全国范围内进行一次旨在保持水源清洁的全面动员工作；② 确定自来水的最低饮用质

量标准和废水排放的最低质量标准；③ 采取先进的方法解决一些令人忧虑的特殊问题；④ 为了防止水源污染，开始征收水使用税；⑤ 废水在氧化池内处理之后，一半用于农业灌溉，另一半则进行第二次处理；⑥ 进一步落实有关人员的培训、调研工作和技术转让等方面的规划；⑦ 大量投资以改善水质。

墨西哥全国水利委员会于 1997 年 1 月 29 日宣布，墨西哥联邦政府 1997 年将投入 4.3 亿比索（约合 5500 万美元），在全国各大中城市建设一批污水处理系统，对 20 世纪 60 年代以来的下水道进行维修清理。其中，首都墨西哥城所在的墨西哥公地的污水处理系统是最大的一个项目。这个系统包括四座总处理能力为每秒 74.5 立方米的污水处理站，两条总长为 31 千米的集水管道，总提水能力为每秒 120 立方米的水泵站和一条 28 千米长的滤水管道。这个处理网建成后，将成为世界上最大的污水处理系统之一。处理后的水将用于农田灌溉。与此同时，墨西哥将与美国联合实施边界地区水治理计划。两国将在墨西哥的蒂华纳和新拉雷多等地建设一些污水处理站，改善和新建一些污水集水站，以减少对边界河流北布拉沃河的污水排放。此外，还投资 3 亿美元用于边界环境基础设施计划。在沿海地带，墨西哥政府派军队对索诺拉的墨西哥一侧 6000 米宽的地带实行封锁，从事打捞海水中的垃圾的活动，以帮助保护和监督海洋生态系统。

另外，为提高公民保护和使用水资源的意识，政府正在逐步完善节水措施，而且政府与企业签订了保护水资源的“自律协定”，要求企业自觉控制排污，增加水的循环利用，对用水大户征收高额水费；鼓励使用各类节水器具，对厕所冲水量和淋浴、洗衣机及洗碗机等的用水量进行限制。这些措施每年将节水约 2800 万立方米，可供 25 万公民的家庭用水。对往排水网或露天垃圾场倾倒有害垃圾的责任人处以罚款，情节严重者还要追究刑事责任。

（3）制定严格的反空气污染法规，采取切实可行的措施，减少和防治城市污染

① 严格限制交通，把现有车辆按颜色和牌照号分成若干组，周一至周五只准许某种颜色和号码的车辆运行。同时严格控制汽车数量和使用型号。② 逐步停止使用含铅汽油。早在 1991 年 6 月 13 日，墨西哥总统萨利纳斯在隆重纪念世界环境日大会上就声明，保护环境已成为国家的首要任务之一。他要求经济增长以不损害环境与生态为前提；还宣布签署“保护濒临灭绝生物的国际公约”，在 30 天内提出解决工业及消费产品中含铅问题方案并保证氧化汽油和高品位汽油供应。③ 采取具体和长远措施，敦促工业企业严格执行排污标准，对污染严重的工厂实行重点监督。1991 年 11 月当局曾因违反环保条约而关闭了 19 个州的 71 家企业。同时，要求墨西哥城

30% 的热电设备改用天然气，减少热电厂 50% 的发电设备。对存在严重污染问题的厂矿企业进行罚款，仅 1991 年就有 600 家国有或私人企业因缺乏防污染措施而受到处罚。同时，还计划把墨西哥城污染严重的钢铁厂和其他一些企业迁往远郊。④ 放慢城市发展速度，并使城市投资、基础设施和服务设施更加合理化。在离墨西哥城 70 ～ 100 千米远的地方建立几座卫星城，并配以高速铁路网，以减轻 2000 年墨西哥城将容纳 2900 万人的巨大压力。⑤ 重建高效益的农牧业，改善郊区的生活水平，为农民提供就业机会并打下良好的经济基础，从而动员一些农民返回家园安居乐业，同时也将成功地阻止大量农民流向城市。此外，墨西哥政府经常采取紧急措施，以减少污染。例如，1994 年 3 月，宣布墨西哥城处于紧急状态，停止公共活动。各学校室外活动改在室内进行，取消课余活动；国家体育委员会把一级运动选手送到墨西哥城外围去训练。有关部门还不断进行监督检查。

（4）全民动员，绿化造林，美化环境，净化空气，减少污染

墨西哥政府在 1989—1991 年全国发展计划中提出了关于保护本国环境的政策，其中之一是在全国推行绿化运动。政府为此动员了大批人员绿化城市周围的山谷，建设人工公园，并设立专人看守森林。1989 年，各机关、学校和厂矿植树 4002 万棵。1990 年，墨西哥城推行"每户一树"运动，植树 145 万棵。1991 年在墨西哥城周围植树 10 万棵，计划在各州共植树 36.4 万公顷，以恢复森林本来面貌，而且决定将这一活动作为一项重要任务坚持下去。至今，墨西哥城（包括郊区）森林面积已超过 1600 万平方千米。根据新的森林法，在合理采伐的同时应加强植树造林。为此，计划新建苗圃 52 个。为了改善由于生态环境破坏而造成的贫困状态，《全国团结计划》中继续实行生态计划和森林计划，决定植树 1 亿棵。为了完成这一任务，已有 16 个地区性计划在推行，包括 12 个州的 400 个县，受益群众 900 万人。

（5）进行技术革新，更新设备，控制污染源

墨西哥从 20 世纪 70 年代就致力于改良汽车尾部排气管的工作。目前，有近百家企业从事环保设备生产。政府鼓励发明创造，其中有的专家发明了一种高灵敏度天然气泄漏检测器，它能在天然气泄漏后 40 秒内迅速做出反应。国家除拿出 900 万比索资助环境合作活动外，还从国外进口大量环保设备。在环保总设备中，进口设备占 61%，而国产设备只占 39%。

经过多年的综合治理，墨西哥城的努力现已取得了明显的成果，空气质量发生了可喜变化，从 1990 年至今，墨西哥城空气中铅含量已经下降了 90%；引发哮喘、肺气肿甚至癌症的悬浮颗粒减少了 70%；一氧化碳和其他污染物的排放也已经大幅下

降；臭氧水平从 1992 年至今下降了 75%。尽管墨西哥城的空气质量还不能让人百分之百满意，但起码情况已经不那么紧急。来自世界银行气候变化小组的信息称，墨西哥城已经不再位列世界十大空气污染最严重城市，尤其是墨西哥城已经做到了将绝大部分污染物的排放至少减半。从墨西哥环境污染到治理的整个过程中，我们可以看出，城市化不断扩大是今天墨西哥环境恶化的根源之一。要控制这一形势，首先，必须控制城市化的范围和速度，使城市化保持适度。其次，要合理分配资金，重视农业发展，扩大农业和基础设施的投入，控制农村人口及其流动。最后，要注意工业的合理布局。事实证明，21 世纪首要任务之一将是解决环保问题。因此，正确处理城市化、现代化、人与自然的关系是十分重要的。同时，提高公民的环保意识势在必行。自然环境是人类生存的基础，而各种资源又是人类生存的必要条件。更好地利用、保护和开发资源是延长人类生存期的必由之路，是关系到子孙后代的大事。随着经济的不断发展，人们的生活习惯也不断改变，这就要求在不断丰富人们物质生活的同时，还要不断提高人们的科学文化素质，加强人们的环保意识。因此，解决环保问题不仅是政府的责任，而且需要广大人民的积极参与。

二、国外生态文明建设的经验

西方生态文明建设理论认为，现代化进程中所产生的问题，只能在现代化进程中予以解决。基于这一理论支撑，形成了西方生态文明建设的基本主张。

（一）推动技术创新

强调技术创新是西方生态文明建设自始至终的一个基本主张。早在西方生态文明建设的萌芽期，西方社会就一直强调技术创新在社会新陈代谢中的作用，并认为这是产生生态转型的根本。生态现代化首先关乎科学知识和先进的技术，先进的技术在任何成功的环境变革中都具有很强的相关性。技术创新是生态现代化系统中必不可少的子系统，在整个社会的新陈代谢中发挥着不可替代的作用。

在生态现代化的技术创新范畴内，存在着两种类型的技术创新。一种是技术在环境问题中的作用，现已经从辅助性的末端治理技术转为预防性的、清洁技术的普遍发展。另一种是从单个技术的创新发展为一个复杂的社会——技术系统的发展和应用。这两种转变是技术创新在西方生态现代化背景下的新发展，也表征了当代科学技术发展的新方向。

（二）重视市场主体

市场以其经济行为为主体被认为是生态重建与环境变革的承载者，在西方生态现代化实践中具有重要的地位。市场行为主体在西方生态现代化进程中产生了非常积极的作用。一方面，以经济行为为主体的发展观念的转变，引导了整个市场乃至国家的生态转型；另一方面，实现了企业行为的改善。在企业内部建立新的态度、确立新的思想、调整管理技术并发展新的策略和手段。从企业的发展策略来看，如果能够开发和使用清洁技术及回收利用技术等，对于生态现代化进程将是十分重要的。

基于此，西方生态现代化十分重视市场主体的地位和作用。这些市场主体响应了环境议程，接受了关于环境问题的责任并采取相应的措施，生态现代化才有可能实现。需要注意的是，西方生态现代化所强调的成熟市场，并非是一个纯粹的自由主义市场，而是一个以环境关怀为基础、以环境政策为导向的规范性市场。

（三）强调政府作用

针对早期的环境污染问题，政府虽然大力干预经济活动，却未能正确运用国家权力和职能控制环境污染问题，反而由于自身的事业和活动破坏了环境，造成了"政府失灵"。就长期的环境保护而言，不仅需要生态现代化及工业社会的结构性变革，而且需要政治行为系统的现代化。事实上，西方生态现代化也是一种政治规划，其有效的环境政策与环境治理少不了政府的支撑，西方生态现代化进程实现社会与政府的良好合作。

积极的政府在西方生态现代化进程中具有非常重要的作用。首先，政府的干预引导了有效的环境政策的制定。政府通过将环境关怀整合进自身决策的制定当中来推行生态现代化，实现政府干预。其次，政府严格地治理环境并能够激励创新是生态现代化的一个重要原则。政府对于环境治理的严格度，直接影响着一国环境质量的优劣。如果没有严格的法律法规和相关制度的约束，则很难有良好的自然环境。同时，政府激励试验和创新对于环境技术的发展也是必不可少的。没有国家的支持，环境技术创新与应用将是非常困难的。最后，西方生态现代化进程中提倡，包括政府官员、企业管理者和环境非政府组织在内的生态现代化联盟，促使政府在实现环境关怀的基础上，得以与企业、社会和环境非政府组织形成良好的关系，共同促进生态现代化的发展。

（四）突出市民及社会的作用

有效的环境管理少不了公众领域的积极参与。西方生态现代化实践中十分注重市民及社会的作用，认为其是实现整个社会的生态转型所必不可少的要素，其在生态现代化进程中的意义和作用主要体现在以下方面。

首先，市民及社会是生态现代化进程中的一支重要构成力量。西方生态现代化的内涵之一就是对决策持一种更为开放的态度。这种参与除了政府之外，还包含有邻里、社区及环境非政府组织等第三方力量在内的一种伙伴关系。因此，推进生态现代化的进程中，市民社会是不可或缺的，它所发挥的作用是政府和市场无法替代的。

其次，市民及社会在西方生态现代化进程中的具体作用主要体现为：①市民及社会是连接政府和市场行为主体的纽带。西方生态现代化强调环境保护和环境变革中形成新的国家—市场关系，而市民及社会正是促使这一关系实现转变的纽带。市民及社会与市场行为主体发生相互作用，促使环境关怀在市场行为主体中内化，进而实现不同的利益方在生态现代化规划下的共同目标。②市民及社会对经济创新、技术创新的认可是推动生态现代化发展的重要动力。在市民社会的构成中，环境非政府组织及其引导的环境运动占据很大的分量。摒弃了早期的激进环保主义，环境运动已经逐渐将自身的理念与生态现代化进程进行整合。③市民及社会对于整个社会的生态转型意义重大。市民及社会力量直接影响消费领域的生态转型，间接影响生产领域的消费转型，是连接生态现代化与生产和消费实践的纽带。尤其是生态理性等理念的运用，与市民社会关系紧密。因此，将市民社会看作西方的生态现代化的一个关键因素。

最后，市民社会的发展水平和成熟程度，是生态现代化实践发展水平的衡量指标。强而有力的生态现代化与市民社会的发展水平具有直接关联。因此，市民社会的发达与否，既是考察和衡量生态现代化发展水平的一个重要参考值，也是促进其发展的要素之一。没有良好的公众参与，也就不会有高水平的生态现代化。

正是基于以上原因，西方生态现代化进程中十分重视市民社会的发展及其作用。唯有发展良好的市民社会，才能认可、支持和促进生态现代化，进而实现资本主义的生产重建与制度重建。

（五）关注生态理性

生态理性是西方生态现代化的核心，“生态理性”一词最终的含义是指人类在适应自身所活动的场所（环境）时，其推理和行为从生态学的观点来看是理性的，是一种关于在社会和生态系统之间维持一种稳定的新陈代谢的生态可持续性概念，是相对于经济理性和政治理性的一种形式。生态理性意味着有关现存生态问题的特点类型的一种社会性自我导向的指导原则。

西方生态现代化实践过程中充分地利用和发展了生态理性。生态理性在生态现代化的推行中也被广泛运用。首先，体现在一些环保标准的制定上，如预警原则、闭环系统、可再生能源的使用等。此外，现行的环境产品标准体系（如ISO14000）、环境影响评估等，都是生态理性在现代化进程中的运用和发挥。也就是说，生态理性不仅仅存在于生产领域，也存在于消费领域。从 20 世纪 80 年代开始，生态现代化理论对生产和消费领域的社会实践，以及制度发展都产生了或多或少的影响，这种影响正是通过生态理性来实现的。无论是技术创新，还是政府的环境决策；无论是市场行为主体的经济活动，还是市民社会的社会活动，在这些领域中，西方生态现代化都强调生态理性的运用。这样，从实践、生产和消费的立体层面上，西方生态现代化推动了生态理性在生态现代化进程中的完善和功能的实现。

（六）促进生态转型

强调生态转型（或是环境变革），既是西方生态现代化的基本主张，也是以上诸项主张的落脚点。即西方生态现代化的最终目的是实现整个社会的生态转型，或者说是追求一种经济和社会的彻底的环境变革。

西方生态现代化所追求的生态转型是一项复杂的系统工程。第一，西方生态现代化所强调的生态转型，与生态理性是分不开的。这种转型，就是生态理性的运用。这种生态理性从 20 世纪 80 年代开始逐渐在一些西方国家的生产和消费中得到运用，在规制社会行为及制度设计中显得越来越重要，并不断地促成各种制度性变革。可以说，没有生态理性在经济活动、政府决策及社会生活中的运用，就无所谓整个社会的环境变革。第二，技术创新是手段。生态现代化之所以强调技术环境创新，就是认为通过技术，可以改变原有的事后补救性策略，走向预防性策略，即预警原则的运用，从而提升生态和经济效益。通过新的整合性技术，可以减少各种污染物的排放及对稀有物质的消耗，同时产生创新的、具有核心竞争力的产品。因此，技术创新是实现生态转型的有效手段。第三，市场主体是载体。市场行为主体既可以是环境污染的制造者，也可以是生态现代化的有力推行者。生产领域的结构变革及技术创新，都少不了市场主体的承载。第四，政府决策是支撑。虽然政府不是唯一可以依赖的行为主体，但是如果没有公权力的介入，则很难有任何必要的进步和支撑。

第三节　国内生态文明建设的实践与经验

一、国内生态文明建设的实践

（一）河北省

目前，河北省正面临着经济发展的迫切需求和生态环境制约之间的博弈，生态文明建设既取得了突出成就，也存在一些问题。河北省生态文明建设实践主要包括以下内容。

1.政策法规逐渐完善，生态监察功能高效发挥

一是政策法规相继出台，实现有法可依。近年来，河北省重点完善了节能环保、清洁生产、文明生态村建设等方面的法规或条例，11 个设区市也制定了地方性制度，把生态文明建设纳入依法管理轨道。二是严格按章办事，实现有法必依。例如，在矿山开采生态补偿方面，依法要求企业在开发前制定环保治理方案、签订治理责任书并缴纳保证金，否则绝不允许开工。三是政策贯彻到位，实现执法必严。例如，在节能减排中，凡列入“双三十”的单位不能如期完成任务的，所属地县（市、区）长、企业法人代表、民营企业就地惩治，绝不姑息。四是紧扣“三严”突出“六制”，实现违法必究。例如，2010 年，河北省环保厅对宽城满族自治县、三河市、涿鹿县等多个采矿企业污染问题挂牌督办，用问责推动企业整改落实到位，力度大，效果好。

2.生态省建设勉励进行，生态环境质量明显改善

目前，全省林地面积达 6512 万亩（1 亩 ≈ 0.67 公顷），森林覆盖率达到 23.25%；京津风沙源重点治理、太行山绿化、三北防护林、21 世纪首都水资源可持续利用等重点生态工程稳步推进；太行山燕山地区森林植被涵养水源的作用日益增强，沿海地区建设生态防护带和生态隔离带趋于完善，防灾减灾能力逐步增强。2010 年河北省七大水系总体为中度污染，Ⅰ类～Ⅲ类水质比例为 47.2%，比 2009 年提高 4.8%；全省空气质量总体良好，11 个设区市平均达到或优于Ⅱ级的优良天数为 337 天，比 2009 年增加了 3 天；化学需氧量和二氧化硫排放量分别比 2005 年削减了 17.34%、17.53%，均超额完成国家下达的目标任务。

3. 环保创建活动逐步推进，生态文明能效显著增强

环保创建，主要包括创建环境保护模范城市、生态示范区、环境优美城镇、环保先进企业和绿色单位等。环保创建借力使力，坚持以保护环境优化经济增长，努力建立一种梯次推进、链式发展、互为基础、全面展开的“大环保”格局，实现经济和社会协调发展，树立了一批区域经济社会与环境协调发展的典型，使河北省森林覆盖率、人均公共绿地面积、公众对环境的满意率等指标大大提高，生态文明能效显著增强。

4. 政府作为力度增大，生态文明水平大幅提高

自 2004 年以来，河北省不仅开展了生态文明战略研究，而且各级政府在思想认识、行为方式、制度建设和产业发展等方面都加大了措施实施力度，生态文明水平大幅提升。例如，“双三十”、信贷项目审批中的环保“一票否决制”等“硬措施”，引领河北省节能减排向纵深推进；率先在全省七大水系实施的生态补偿机制成效显著，截至 2010 年 12 月底，全省共扣缴生态补偿金 8440 万元，七大水系污染程度总体上呈下降趋势。

5. 生态文化建设逐渐加快，生态文明氛围明显增强

一是初步形成了以森林公园、自然保护区为主体的生态旅游景区，红色旅游功能圈正逐步形成。二是组织编制了《生态文明论》和《河北生态省建设知识读本》，重点实施了环境保护“十百千”宣传教育工程，开展了“五绿”创建活动和生态知识进街道、进社区、进家庭系列活动，改善了人们的生态行为。三是广泛开展生态教育，营造人人参与生态建设氛围。四是组织召开生态文明建设高端会议，引导生态建设路向。

同时，河北省生态文明建设实践中也存在着一些突出问题，具体包括：① 生态环境整体形势严峻，生态承载能力受考验。一是全省七大水系水环境质量有很大改善，但流域水污染问题仍很突出，有三成水质为 V 类或劣 V 类。二是工业固体废物综合利用率为 71.06%，刚超过七成，亟待提高。三是污染排放总量仍然偏大，人均二氧化硫、化学需氧量排放量分别达 17.9 千克、8.1 千克。四是海洋污染面积和耕地污染面积仍很大。五是全省 11 个设区市平均污染物浓度刚达到国家二级，仍需提高。六是全省森林覆盖率还不高，仅是全国平均水平的 1/3。此外，水土流失、沙漠化、草原退化等问题依然严峻。② 生态问题突出，生态系统良性循环受制约。一是经济发展与生态环境发展矛盾突出，特别是能源需求与污染物排放之间矛盾突出。二是基础生态设施建设及社会保障事业较薄弱，垃圾、污水、废气、农药残留等问题尚未根

本解决，严重影响生态安全。三是生态环境管理分散。特别是广大农村地区，传统粗放的发展模式和散居型的民居环境使管理难度加大。四是水土流失、生活污染、面源污染、工矿污染、生态退化及农药、化肥、农膜的过度使用，使生态环境破坏和污染形式多样化。五是环境项目实施和管理执行力不强，如环境监测体系不完善、环保科技支撑体系不健全、环保适用技术创新和推广力度不够等。六是政府、企业、社会多元化投入机制不完善，环境建设资金投入总量不足，特别是社会资金参与农村生态建设资金紧缺。③ 生态意识淡薄，生态文明的精神理念建设受制约。一是公众参与程度低，表现为公众生态责任意识不强、公众生态认知素质尚待提高、公众生态文明意识存在片面性。二是企业角色定位不准，表现为企业生态意识缺乏、企业创新生态模式缺乏，以及企业生态机制不完善、企业生态科技观念不明确。三是有些政府部门存在“缺位”现象，主要指在确立和监管相关生态建设的技术、措施、方法和安全标准等方面执法不力。

针对以上存在的问题，河北省对今后的生态文明建设提出了新的思路和方向，主要体现在以下几个方面。

首先是创新制度建设，形成“推力”。其具体包括：① 完善机构和规划，建立综合性决策与调控制度。一是整合部门，组建管理机构。组建由环保、建设、能源、宣传等部门和科研单位人员构成的常设性机构“生态文明建设办公室”，负责整体规划、方案实施、协调和监督职能，并作为宣传、交流和推广中心。二是出台《河北省生态文明建设规划》，制定长期发展战略，结合主体功能区区划建立因地制宜的空间规划和产业规划。三是编制《河北省生态文明建设推进行动方案》，提出今后五年的目标任务和具体措施，细化各项指标和任务。② 强化政府治理，建立政府主导型管理体制。一是重视生态行政建设，发挥政府的宏观管理职能。政府应协调部门间的合作与联动，从宏观上发挥监管区域内自然资源的开发利用、环境的治理保护、产业结构生态化调整等工作落实情况的职能。二是适时调控市场，发挥政府主导作用。要适时调控市场对生态经济发展的杠杆作用，从主要由政府负责向政府主导、全社会共同参与转变。三是政府要为生态文明建设提供政策支持，包括财政、税收、投资、技术等政策，对一些重大环保项目采取直接投资、资金补助、贷款贴息等形式予以支持，并发挥好对社会投资的引导作用。③ 强化生态法治，建立生态法制化监管制度。一是加强重点区域、重点领域生态环境保护专项立法，建立起政府负责、环保部门监管、有关部门齐抓共管的监管体系，切实解决法律法规空白、失当、乏力、操作性差等问题。二是增强执法力度，提高执法效力，解决有法不依、执法不严、违法不究、不作为、乱作为等问题。④ 强化机制推动，完善生态文明建设的运行机制。一是完善生态补偿机制和节能减排分配机制。核定全省各市的生态容量，依据污染者负担、开发者保护、破坏者恢复、受益者补偿等原则完善生态补偿机制，建立污染补偿、资源补偿和区域补偿等多种补偿形式。同时，按生态容量和行业标准，采取差别化节能减排分配机制。二是健全生态环保财政转移支付机制。逐步提高财政转移支付力度，确保生态保护地区的公共服务均等化水平达到全省平均水平。三是完善市场化要素配置机制。完善土地、水、电、森林等要素的市场化配置机制，促进其制度改革、分类定价和使用、交易机制等。四是完善干部绩效分类考核机制。按照各市、县主体功能定位，实施干部政绩分类考核，落实责任制，突出强调生态建设、改善民生。⑤ 创建民间机构团体，构建公众参与机制。创建由保护生态环境的志愿者自愿组成的民间机构团体，调动社会各界参与生态文明建设的积极性，建立公众参与机制。例如，2010 年 12 月成立河北省生态文明建设促进会后，还可建立行业环保协会、大学生环保协会等特定行业或群体性民间机构团体，发挥全民参与和督促生态文明建设的作用。

其次是深化生态产业建设，发挥“动力”。① 加快生态产业培育。一是创新新型工业化道路。充分发挥各地区自然资源的比较优势和经济的后发优势，着力培育光电子信息、生物医药、可再生能源和新能源等具有持续发展优势的产业，构建新型“生态经济高地”。二是发展生态农业。加强农业产业化发展，推进农业规模化集约化经营，创新农业社会化服务体系，尤其要发挥好农业产业首席专家的作用。三是坚持绿色发展导向，大力发展现代服务业，如金融、物流、旅游、会展、信息、咨询、文化创意等，要把生态旅游业作为第一大龙头来抓。四是抓好生态工业、生态农业和生态旅游业三大产业的区域性品牌建设，开创工业产业品牌和绿色有机农产品“河北制造”品牌及“河北山水灵秀韵、燕赵风光侠骨情”旅游品牌。② 促进产业和工业结构生态化调整。将“节能减排”作为转变经济增长方式和消费方式的重要抓手，推行产业清洁生产，不断延伸产业链，将生态化、信息化与工业化相融合，扩大物质的有效循环利用，降低污染物对自然环境的负影响，形成资源节约、环境友好的经济发展方式。③ 大力发展循环经济。一是发展生态循环农业，加快推广种养结合、农牧结合、林牧结合的生态农业循环模式，建设一批示范区和示范项目。二是发展工业循环经济，加强循环经济骨干企业、示范园区和基地建设，逐步在化工、石化、造纸等行业全面推进循环经济发展，形成循环经济产业链。三是加强资源的综合利用和再生利用，有序推进工业“三废”综合利用项目建设。④ 加强生态环境基础设施建设。一是推进让河流湖泊恢复生机工程，构建人水和谐的水生态系统。二是加强山区、平原的绿化及道路、河湖美化，构建功能完备的森林生态系统。三是加强通景区道路建设，实现旅游交通“县县相通”“景景相连”，以及铁路、空港、航运的“路路相通”。四是推进城市环保、公交、地下管网等配套建设，构建生态宜居的城市环境。五是加强通水、通路、通电、改厕、改圈等为重点的生态家园建设，构建优美的农村环境。

再次是开展生态文化建设，增强“引力”。一是树立生态文明观，强化公众生态保护意识。开展多层次、多形式的生态文明宣传教育活动，扎实推进环保创建活动，倡导勤俭节约的低碳生活，培育绿色消费模式来引导生产消费行为，加强生态公益广告宣传。二是强化文化公共服务能力建设，不断满足人民群众的精神文化需求。充分发挥图书馆、博物馆、科技馆、体育中心等传播生态文化的作用；强化各中心城市的文化集聚和辐射功能，着重抓好一批区域性、群众性文化设施的建设；加强森林公园、湿地公园、矿山公园、遗址公园、海洋公园和动植物园的建设和管理，使之成为弘扬生态文化的重要阵地。三是深化燕赵文化和民间艺术之乡建设，着力构建独具魅力的区域文化。围绕发展燕赵古文明，对河北省特有的文化元素加强研究和整合、开发、利用，促使文化资源优化重组，构建河北省独具风格的区域文化。

最后是加强保障体系建设，强化“保障力”。一是提高生态保障水平。以《河北省“十二五”环境保护规划》为指导，力争生态环境指标全部达标，促进生态环境质量进一步改善，腾出环境容量。二是提高社会保障水平。加强“大社保”体系建设，加快建立覆盖城乡的社会保障制度，提高生态文明建设的惠民度。三是提高科技保障水平。推动科技创新要素向企业集聚，重点做好科技要素的整合，使资源向有利于生态文明建设的重要项目、重点产业集中。同时，引导各类创业主体加大科研投入，增强与高校、科研院所的科技合作与交流，发挥科技创新对经济发展的作用。四是提高人才保障水平。积极培养、引进人才特别是学科带头人和高层次创业人才。同时，联合高校、科研院所、企业成立“河北省生态产业发展实验室”，负责生态文明建设专门人才的培养、指导与实践，为生态文明建设提供智力支持。

（二）江苏省

在新的历史阶段，面对日益趋紧的资源环境约束，江苏的生态文明建设比以往任何时候都更加紧迫。近年来，江苏省委、省政府紧紧围绕实现“两个率先”的目标，坚持以推动科学发展、建设美好江苏为主题，以转变经济发展方式为主线，以生态省建设为载体，以生态文明建设工程为抓手，统筹推进经济社会发展与生态环境保护工作，为提升生态文明建设水平奠定了坚实基础。但是，江苏有着“人口密度大、人均环境容量小、单位土地面积污染负荷高"的特殊省情，随着工业化、城镇化的加速推进，资源环境约束愈加明显，推进生态文明建设的任务十分艰巨。其中的原因主要是经济社会快速发展与资源环境承载能力不足的矛盾、群众不断增长的环境需求与环境公共产品供给不足的矛盾尚未根本解决。在"两个率先"进程中，生态文明建设依然是"短板"和薄弱环节，保护和改善生态环境是躲不开绕不过的一道"坎"。其具体表现在如下几方面。

1. 破解资源能源约束难度加大

土地、水、林业、矿产等资源总量较小，支撑保障能力不足。耕地资源紧缺，后备资源数量少，建设占用耕地占补平衡难度加大。江苏全省土地开发强度接近 21%，苏南地区接近 28%，建设用地刚性需求与耕地保护矛盾突出。能源消费结构不合理，煤炭和石油分别占一次能源消费的 75% 和 16%。能源消耗总量大，利用效率较低，供需矛盾十分突出，92% 以上的煤炭、93% 以上的原油和 99% 以上的天然气依靠外省或者进口。随着工业化、城市化加速推进，资源能源约束将不断加剧。

2. 转变发展方式难度加大

经济发展方式尚未根本转变，结构性矛盾依然突出，产业结构仍然偏重，高污染、高能耗行业仍占有较大比例。第一、三产业对经济增长的贡献率较低，过高依赖第二产业的发展。新兴产业尚未形成主体支撑，现代服务业发展不快，服务业增加值占地区生产总值比例明显低于发达国家 60% 的平均水平。提高自主创新能力需要较长过程，科技进步贡献率、全社会研发投入占地区生产总值比例和有效发明拥有量等与创新型省份建设的要求还有一定差距。

3. 改善生态环境质量难度加大

生态环境总体上仍没有跨过高污染、高风险阶段，环境问题呈现压缩型、复合型、结构型特点，部分生态敏感地区和重要生态功能区遭到破坏，重金属、持久性有机物和土壤污染等环境问题将集中显现，突发性环境事件呈增多趋势。实现太湖水质全面改善、淮河流域水质稳定达标、灰霾天数大幅减少、农村环境明显改善、重要生态功能区有效保护等目标，需要在更加广泛的领域和更加深入的层面推进污染治理及生态修复。

4. 生态文明制度建设有待加强

生态文明建设考核奖惩机制不完善，政绩考核体系仍然侧重于考核经济发展指标。生态文明法律法规不健全，循环经济、生态修复、环境公益诉讼、生态补偿等重点领域的地方法规尚未出台，环保责任追究和环境损害赔偿制度有待进一步加强。生态文明建设投入与实际需求还存在较大差距。资源有偿使用和生态补偿等机制没有全面建立，排污权交易、绿色信贷、环境责任保险等仍处于探索与试点阶段。

5. 全社会生态文明意识有待加强

部分领导干部对生态文明建设的重要性认识不足，执行节约优先、环保优先方针不坚决，少数地方还存在牺牲环境利益换取经济增长的现象。企业环保责任意识不强，超标排放、非法排污、恶意偷排等行为依然存在。全社会生态文明理念还不牢固，尊重自然、顺应自然、保护自然的意识还没有真正形成。传统的生活方式和消费理念尚未转变，绿色消费、绿色出行等还没有真正成为人们自觉遵守的道德准则和行为规范，提高全社会生态文明意识任重道远。

面对新的严峻挑战和历史机遇，江苏省紧紧抓住机遇，勇于面对挑战，切实破解难题。首先，江苏按照十八大提出了“五位一体”总布局和推进“两个率先”的要求，确立了生态文明建设的总体目标：经过 10 年左右的努力，实现生态省建设目标，率先建成全国生态文明建设示范区。到 2017 年，80% 的省辖市建成国家级生态市。到 2022 年，全省所有省辖市建成国家级生态市，实现“四个显著”——生态文明理念显著增强、绿色发展水平显著提升、污染排放总量显著下降、生态环境质量显著改善。

为了率先建成生态文明建设示范区，江苏省还确定了生态空间保护行动、经济绿色转型行动、环境质量改善行动、生态生活全民行动、生态文化传播行动、绿色科技支持行动、生态制度创新行动。此外，为了让生态文明可观可感，按序时进度推进，江苏省制定了“推进生态文明建设指标体系”，涵盖生态空间、生态经济、生态环境、生态生活、生态文化和生态制度、百姓满意度等七大类 20 项 46 个指标。该指标体系以生态文明建设工程指标为基础，参考了全国生态文明建设试点示范区指标，与江苏省“八项工程”指标体系、“十二五”规划指标体系、苏南地区现代化建设指标体系和新修订的基本实现现代化、小康指标体系相衔接。其中，46 个指标中有 21 个是“约束性指标”，如耕地保有量保持在 475 万公顷以上等；到 2015 年，单位 GDP 能耗从目前的 0.57 吨标准煤当量 / 万元降低到 0.51 吨标准煤当量 / 万元、水耗从目前的 102 立方米 / 万元降低到 90 立方米 / 万元。同时，针对约束性指标实行“一票否决”制，对不顾生态环境盲目决策、造成严重后果的，严肃追责。

另外，生态文明建设并非孤立而行，在保持与全面小康、基本现代化等的继承延续的同时也有创新。例如，针对国土开发强度过高的情况，率先制定生态红线保护规划；针对生态文明建设顶层设计难点问题，提出完善绿色发展评价体系、建立生态决策机制，从根本上扭转“GDP 至上”的传统观念。由于消费行为直接影响资源环境，生态文明建设特别强调社会公众参与，提出引导居民树立健康消费理念，形成合理消费行为，反对铺张浪费、过度包装等奢华消费。具体的细化指标也纳入了生态文明建设的“硬约束”：到 2015 年，全省 8% 的人口实现垃圾分类收集、23% 的城市居民出行依靠公共交通；到 2022 年，两者分别达到 30%、26%。为提高居民健康生活水平，江苏省还确定了区域统筹供水、绿色建筑比例、食品安全等系列指标，如城乡统筹区域供水覆盖率至 2015 年达 92%、食品及鲜活农产品抽检质量安全平均合格率保持在 93% 以上。同时，指标设定时，充分考虑江苏省生态文明建设的热点问题，设置了“自然湿地保护率、城市（县城）污水处理厂尾水再生利用率、村庄环境整治达标率”等特色指标。同时设置了“人民群众对生态文明建设成果满意度”指标，2022 年率先建成生态文明建设示范区时需得到 80% 的人民群众认可。

（三）浙江省

建设生态文明，实质上就是要建设以资源环境承载力为基础、以自然规律为准则、以可持续发展为目标的资源节约型、环境友好型社会，实现人与自然和谐相处、协调发展。自 2002 年起，浙江省委先后提出“建设绿色浙江、建设生态省、建设全国生态文明示范区”的战略目标。在全面分析形势和任务，认真总结生态省建设经验后，浙江省为更好地推进生态文明建设，做出如下举措。

1. 全方位推进生态文明建设

坚持生态文化、生态经济、生态环境“三位一体”，全方位推进生态文明建设。

浙江省先是在国家确定的安吉县试点中探索。试点初期，安吉县在编制生态文明规划时，从生态文明的意识、行为、制度三方面来设置指标、提出任务，按照“以生态文化为先导、以生态经济为支撑、以生态环境为保障”的思路来推进。以生态文化为先导，就是首先解决生态文明的信念支撑、道德规范和制度约束问题；以生态经济为支撑，就是坚持绿色引领，走人与自然和谐的可持续发展之路，重点是要优化经济布局，调整产业结构，淘汰重污染产业，建立资源节约型、环境友好型的生产方式和消费模式；以生态环境为保障，就是加强污染防治，保护生态，营造宜居和可持续发展的自然环境。这些工作都是有形的，可以结合我们的日常经济社会活动，分解为具体任务，其结果是直观的、可考核评价的，所以群众普遍接受并践行在日常生产生活之中。实践证明，安吉县的生态文明建设取得了明显成效。特别是生态经济的发展和生态文化的倡导走在浙江省乃至全国的前列。作为一个山区县，全县农民人均纯收入超过 13000 元，达到全省平均水平，在生态环境改善的同时，经济持续得到发展，人民福利得到提升。2010 年 7 月，浙江省委在第十二届七次全会上讨论通过了《关于推进生态文明建设的决定》（简称《决定》）。《决定》阐述了推进生态文明建设的重大意义，明确提出了建设的主要目标，就是要实现生态经济加快发展、生态环境质量保持领先、生态文化日益繁荣、体制机制不断完善。在此基础上，浙江省委、省政府制定了为期五年的“811”生态文明建设推进行动方案，提出节能减排、循环经济、绿色城镇、美丽乡村、清洁水源、清洁空气、清洁土壤、森林浙江、蓝色屏障、防灾减灾和绿色创建 11 个专项行动，基本囊括了经济社会发展的重要领域，同时，建立了 11 项保障措施，研究制定生态文明建设评估指标体系和考核体系，保障生态文明“三位一体”协同推进。

2. 形成共建共享生态文明的社会行动体系

生态文明涉及经济社会发展的方方面面，必须由全社会共同参与，形成共建共享的社会行动体系。浙江省成立了以省委书记为组长、省长为常务副组长、40 个部门主要负责人为成员的生态省建设工作领导小组，各市县也层层建立领导小组。各级领导小组办公室（生态办）设在环保部门，承担制订计划、分解任务、考核落实等日常事务，赋予了环保部门指导、协调和督促生态文明建设的职能。这样，基本构建起党委领导、政府负责、部门协调、全社会共同参与的大工作格局。在考核体系上，浙江省每年都要召开生态省建设工作领导小组会议，进行总结评价，评定各市和各部门的考核名次，考核结果作为评价党政领导班子实绩和领导干部任用与奖惩的重要依据。在共建共享载体设计上，开展了绿色系列创建活动，从生态市、县（市、区）创建、环保模范城市创建和绿色细胞创建三个层面加以深入推进，从而调动了各个方面的积极性，促进了生态环保各项目标任务分解落实，也让广大公众得以参与、得到实惠。在制度框架建设上，按照环保监管主体是政府、污染防治主体是企业、环保监督主体是公众的三大责任主体定位，构建环保制度框架体系，从政策、法规、标准、规划四个方面加以约束和引导，推动环境保护和生态文明建设从部门走向社会、从政府走向民间。

3. 治理突出环境问题

经济发展的最终目的是改善人民的福利，提高人民的生活水平。如果经济发展破坏了自然环境，损害了公众健康，影响了社会和谐稳定和可持续发展，那是一种发展的异化，背离了发展的初衷和终极目标。这样的发展必然导致灾难，最终要遭到抛弃。基于环保基础上的生态文明，就是要着眼于经济社会与环境相协调，改变高消耗、高污染、以牺牲环境为代价的传统发展方式。所以，解决突出环境问题是推进生态文明建设的首要任务和基本要求，也是关系公众切身利益的最现实、最直接的问题，是公众的基本诉求。浙江省从 2004 年开始，连续开展了"811"环境污染整治行动和"811"环境保护新三年行动，将之作为生态省建设的标志性工程，重点解决了一批流域性、区域性、行业性的突出环境问题。新一轮的"811"生态文明建设推进行动尽管涉及领域很广泛，内容大大拓展，但依然把深化重点流域、重点区域、重点行业、重点企业污染整治，解决突出环境问题作为一个基本着力点。在强化污染防治的同时，也十分重视环境监管，维护环境安全，保障公众环境权益。坚持把规范环境行为、建立良好环境秩序作为生态文明建设的一项基础性工程，实行最严格的环保制度，切实加大执法监管力度。2011 年浙江全省环境违法处罚额超过 4 亿元，平均个案罚款 4.4 万元，刑事、行政拘留了 170 多人。省环保厅还加强与公检法的联动协调，与法院开展了环保非诉案件强制执行，与检察院开展了环保公益诉讼，公安机关在环保设立联络室并联合开展执法行动，出重拳、打组合拳，始终对违法行为保持高压态势，守牢生态文明建设的法律底线。

4. 构建科学合理的生产生活方式

生态文明建设本质上着眼于实现人与自然、经济社会和环境协调发展，是为了构建科学合理的生产生活方式和社会行为体系。特别是像浙江这样资源匮乏、环境承载能力弱的省份，在推进工业化、城镇化的过程中，必须把转变发展方式、破解资源环境瓶颈制约作为生态文明建设的关键之举。所以要坚持绿色引领发展、环保倒逼转型的理念，走环保优化发展之路。一是优化空间布局。全面实施生态环境功能区规划，实行严格的环境空间管制，使人口集聚、经济活动、城市化推进与生态环境承载相适应。二是加强标准引领。建立"阶梯型"的环境标准引领体系，逐轮淘汰落后产能。"十二五"期间着重开展铅蓄电池、电镀、印染、化工、造纸、制革六大行业的整治提升工作。2011 年已完成铅蓄电池整治，全行业 273 家企业关闭了 211 家。通过标准引领、依法管制，促进结构调整、产业升级。三是严格准入把关。出台政府规章，确立空间准入、总量准入、项目准入"三位一体"和专家评价、公众评议"两评结合"的环境准入制度，落实对建设项目的全方位、全过程监管。四是严格公正执法。坚持"零容忍"，坚决打击转嫁环境成本、逃避监管、维持落后产能的违法经营行为，营造公平公正的市场竞争环境，促进转型升级。

（四）福建省

福建省的生态省建设是该省生态文明建设的重要载体，早在 2002 年，福建成为全国第四个开展生态省建设试点的重要省份。生态优势是福建最具竞争力，具体表现在以下几方面：① 生态环境质量位居全国先进水平。全省森林覆盖率从 2001 年的 60.5% 上升到目前的 63.1%，连续 35 年保持全国第一；已建成自然保护区 93 个、风景名胜区 51 个、地质公园 12 个、森林公园 105 个、国家湿地公园 3 个，受保护地区占全省土地面积的比例达到 12%。② 城乡人居环境比较优美、舒适。福建是全国唯一水、大气、生态环境全优的省份。2011 年，全省 12 条主要水系水域功能达标率为 96.5%；23 个城市空气质量均达到国家环境空气质量二级标准，全省城市环境空气质量保持在优良水平；近岸海域吨标准煤当量Ⅰ、Ⅱ类水质面积所占比例达 57.2%，居全国前列；拥有 3 个国家环保模范城市、2 个国际花园城市、8 个国家园林城市（县城）。③ 生态效益型经济初具规模。全省已有 300 多家重点企业开展清洁生产审核，100 多个组织通过 ISO14000 环境质量体系认证，单位 GDP 能耗降至 0.783 吨标准煤当量 / 万元，居全国第六位。④ 生态安全保障体系基本形成。全省建成江海堤防总长超过 5800 千米，沿海防护林基干林带达 3037 千米；综合气象服务、海洋环境监测网络更加完善，气象预警信息覆盖率超过 90%；地质灾害综合管理信息系统和群测群防网络初步建成。

从 2002 年开始，福建省政府大力推进生态省建设，把增创生态发展新优势作为推进科学发展、跨越发展的重要着力点。2004 年出台《福建省建设总体规划纲要》，2010 年省人大常委会在全国率先做出《关于促进生态文明建设的决定》，2011 年出台《福建生态省建设“十二五”规划》，并在省九次党员代表大会上进一步提出“建设更加优美更加和谐更加幸福的福建”的目标要求。10 多年来，福建省围绕生态省建设采取了一系列有力措施，为今后建设“美丽福建”打下了坚实基础。

第一，突出自然生态系统建设。福建省委、省政府认真总结推广长汀经验，把水土流失治理作为生态省建设的突破口，在全省 22 个水土流失重点县开展声势浩大的治理工程，全省已累计治理水土流失面积 1.23 万平方千米。同时，把造林绿化作为生态省建设的重点任务，先后做出建设海西林业、实施“四绿工程”、开展“大造林”活动等部署，仅 2011 年以来就完成造林 1000 多万亩；推行海域资源有偿使用制度，严格控制围填海工程，建立海洋生态保护区，海洋生态环境总体较好。

第二，突出发展绿色经济和循环经济。省委、省政府一直注重处理好经济建设与生态建设的关系。例如，严格项目准入门槛，坚持“宁可少一点也要好一点，宁可少一点也要实一点”，把环境容量作为项目引进的重要依据，把环境准入作为项目取舍的重要标准；推动产业优化升级，大力改造提升传统产业，积极发展高新技术产业和现代服务业，2011 年全省高新技术产业增加值占国内生产总值比例达到 13.4%；

大力推进节能减排，淘汰落后、低效产能，“十一五”期间全省共关停并转“五小工业”1.35万家。

第三，突出创新体制机制。积极探索建立生态补偿机制，2003年起先后在九龙江、闽江等流域开展生态利益共享、治理共担的补偿机制试点工作；制定出台《福建省环境保护条例》《福建海洋环境保护条例》等地方性法规，并建立生态环境保护行政执法责任制；推行领导干部环保“一岗双责”，把环境保护列入各级政府绩效考核，并将考核结果作为评先选优和干部提拔任用的重要依据；在全社会强化生态文化理念和行为养成，积极开展文明城市、卫生城市、园林城市、环保模范城市创建工作，开展绿色机关、绿色学校、绿色社区等群众性创建活动。

（五）广东省

建设生态文明是人与自然依存关系的必然要求，也是当今世界文明发展的必然趋势。改革开放以来，广东经济社会发展取得的成就举世瞩目，但也付出了相当沉重的代价。这就是资源的巨大浪费和生态环境的严重恶化，人们的身心健康受到严重威胁和经济社会的发展难以为继。其存在的主要问题表现在如下几个方面。

一是能源匮乏、消耗巨大，空气、酸雨污染问题突出。广东省的人均一次性能源储量不到全国的1/20，2010年单位GDP能耗约是日本的4倍、美国的2倍、世界平均水平的2倍，由此造成二氧化硫和烟尘等污染物排放居高不下。

二是水资源量有限，但浪费大，水质污染严重。全省人年均水资源量低于全国平均水平，但用水量则高于全国水平，万元GDP用水量约为发达国家的近10倍。2010年全省污水排放总量79.48亿吨，较上年增长9.93%。主要城市水源地水质还未完全达标，珠三角等城市江段水质大部分属劣V类，水质污染严重，资源性与水质性缺水并存。

三是土地资源紧缺、生态受到严重威胁。广东人均土地和耕地资源不到全国人均水平的一半，但局部地区土壤污染、水土流失严重，生物多样性受到严重威胁。

上述触目惊心的数据，显示了广东省资源、生态、环境乃至生存的重重危机。其产生的原因主要包括：一是粗放型经济发展方式仍未根本改变；二是生态、环境立法体系不完善；三是公民生态意识还比较淡薄；四是有关激励政策还不够完善。如果不认真反思人与自然关系中的资源环境代价，必然会使“资源难以支撑、环境难以容纳、健康难以承受、发展难以持续”。

针对以上存在的问题，广东省积极做出应对措施，主要有如下几方面。

1. 树立科学发展观，完善干部政绩考核体系

能否把科学发展观切实落实到位，关键在于各级领导干部。从某种意义上来说，他们的政绩观和发展观相互影响，并直接决定生态文明建设进程。广东省目前推行以GDP为主要考核指标的干部政绩考核体系，并要建立强有力的约束机制，即领导干部的生态环境问责制，建立生态文明指标体系，按照不同的生态功能区，将其中的主要指标真正纳入领导干部的政绩考核体系之中，对于重要指标甚至可以采取一票否决制。

2. 建立科学决策监督机制，完善相关法律法规体系

科学决策、民生监督和法律法规是生态文明建设的保障。一是对于重大决策、政策的出台及重大建设项目的布局和建设，要广泛听取社会各界，特别是人大、政协、民主党派、专家学者的意见，同时还应该进行环境影响评估，实现决策的科学化、民主化、规范化、制度化；另外在决策和项目的实施过程中，还要加强民主监督，发现问题，及时纠正。二是在现行法律法规的基础上，加快制定促进循环经济发展，有利于资源节约保护、废物回收利用、鼓励绿色消费、政府采购，以及公众参与环保、生态用地保护、土壤污染防治、建筑节能等比较完整的生态文明建设政策法规体系。三是加大执法力度，淘汰落后产能，提高违法成本，强化相关部门的监管职能，严格环保准入，杜绝各种过度包装等浪费资源的现象。

3. 发挥政府主导作用，加快生态文明建设步伐

生态文明建设的紧迫性和复杂性，决定了它必须由政府来牵头和主导。政府的主导作用应体现在以下几个方面。首先，各级党委政府需把生态文明建设工作列入重要议事日程，成立生态文明建设领导小组，加强对这项工作的指导、协调和督促。其次，启动生态文明建设规划，明确生态文明建设的目标意义、战略步骤、战略重点和政策措施。最后，建立相应的激励和约束机制。深化资源价格制度改革，建立能反映资源稀缺程度的价格形成机制；建立资源、环境容量（排污权）交易制度；对采取清洁生产工艺和资源循环利用的企业，加大税费减免力度，对环境友好型企业或机构，提供贷款扶持并实行优惠利率；对欠发达地区加大生态建设的财政转移支付力度，在实现生态保护目标的前提下，实施生态补偿制度。

4. 贯彻落实科学发展观，转变经济发展方式

加快转变经济发展方式，大力发展循环经济，是迈向生态文明的重要途径。一是要加大科技投入，提高自主创新能力，充分利用国内外先进技术，努力推进传统产业向高新技术产业升级，转变粗放的经济发展方式。大力发展以“减量化、资源化、再

循环"为原则，以低消耗、低排放、高效率为特征的循环经济。二是提高能源利用率，改善能源结构。研究和推广应用新的节能技术，提高能源利用水平，强化节能降耗目标管理，加强对重点耗能企业的监控。同时，加快发展核能，加大对太阳能、风能、水能、潮汐能、生物质能等可再生能源的研究和开发利用力度，优化能源结构，保障能源供给安全，建立可持续发展的能源体系。三是重视建筑、交通节能，积极发展绿色建筑和低碳交通。加大植树造林和森林植被保护力度，以增加森林碳汇。逐步推广排污权交易、碳交易等市场化交易平台，提高节能减排的管理效率；在生态建设方面，通过创新体制与机制，引入多元主体，形成全社会参与的环境保护与生态建设新格局。

5. 加快发展生态化的服务业和生态农业

发展生态化的服务业，一是加快发展生态旅游业，二是加快推进制造业产业链向高附加值、环境友好的环节延伸。发展生态农业一是推广农业产业化和生态农业模式，实现农业生产的科学化、标准化、规范化，以减少引起面源污染的农药、化肥、地膜的使用。二是加快形成绿色农产品体系，加强农产品质量监管。突出发展适应国内外市场需求的绿色名特优农产品，实现品种优质化、生产集约化、产品安全化和管理科学化。建立农产品生产、加工绿色认证体系。重点解决动植物病虫、畜禽药物残留与卫生质量、大宗农产品的农药残留和重金属污染等问题。

6. 开展生态文明教育，提高公民生态意识

建设生态文明，离不开每一位公民的积极参与。因此我们应当开展形式多样、丰富多彩的教育活动，普及生态科学知识，将生态文明的理念渗透到生产、生活的各个方面，增强全民的生态忧患意识、参与意识和责任意识。要积极倡导绿色消费，在日常生活与消费中，培育节约与环保理念，鼓励使用绿色产品。形成节约环保光荣、浪费污染可耻的社会风尚。要加大环保公众参与的宣传力度，让每一位公民都愿意和能够充分地履行自己的环保参与权和监督权。

（六）辽宁省

以辽宁省对于辽河流域的生态文明建设实践为例，辽河流域位于我国东北地区的西南部，包括辽河和浑太河两大水系。辽河流域是我国经济较发达的地区，随着经济的不断发展，流域环境也不断遭到破坏，具体表现在如下几方面。

水生态环境方面：中部城市群的工业污水和城市生活污水及农业的面源污染，使河流水质污染严重，水生态系统严重退化。特别是辽宁省近年来以能源、冶金、机械、建材为主的重工业的快速发展，为推动我国的城市和工业化进程做出了历史性的

重大贡献。但是，经济的快速发展给环境带来了巨大的冲击，经济的增长对水资源的需求量大大超过了生态系统的更新量，造成了辽河流域水体的严重污染是必然的结果，辽河流域已有 70% 以上的河流断面为 V 类～劣 V 类水质，可见辽河流域的水体污染状况十分严重。

土壤生态环境方面：辽河流域位于我国东北地区的西南部，是东北地区重要的工矿区，在我国国民经济中占有重要的地位。然而，工农业生产活动产生的大量有机污染物却使辽河流域土壤受到严重的污染。工农业生产活动的增加，会产生大量的不完全燃烧产物、工业废水和石油污染等，而这些工业废气物中往往含有大量的多环芳烃污染物，这类化合物具有疏水性和难降解性，会在土壤环境中会长期滞留，并且很多种类的多环芳烃具有致癌、致畸、致突变性，对生物和人类的生存和健康会构成威胁。对辽河流域表层土壤多环芳烃污染现状的研究发现，辽河流域表层土壤生态环境的污染主要是由农工业生产产生的燃烧污染和交通污染造成的，这些污染严重破坏了土壤的生态环境。辽河流域土壤中除多环芳烃污染物外，土壤养分分布也极不平衡，据调查显示，辽河流域土壤总体表现为富甲，磷氮相对缺乏。流域内的水土流失现象也较为严重，特别是坡耕地的流失，使富含养分的有效土层随径流大量流失，这些土层很难再生恢复，土壤地力也大大减退，干旱威胁也随之增加，这些都严重地威胁着辽河流域土壤的可持续发展。

植被生态环境方面：随着国民经济的迅速发展，人口、资源、环境的矛盾日益突出，人为造成的生态环境破坏现象日益凸显：在山坡、沟头等乱开荒，坡耕地垦殖指数增高；森林、防护林被滥砍滥伐，降低了蓄水保土能力，加速了土壤侵蚀；加上过度放牧，造成草场沙化和退化。

基于以上对辽河流域水生态环境、土壤生态环境和植被生态环境的现状分析可知，目前，辽河流域的生态环境处于极度恶化状态。人们的农工业生产造成的水体污染，不仅影响了辽河流域居民的健康生活，还造成了水资源的严重短缺，这给人们的生活和生存带来了不可想象的威胁；生产活动的增加，工业废弃物的不断排放，加速了土壤养分平衡分布的破坏，造成土壤地力的严重减退；由于人为的乱砍滥伐活动的增加，流域内植被的数量和质量受到空前的破坏，这些都加速了流域内生态环境的恶化。

辽宁省对辽河流域的环境治理和生态文明建设从激励和约束两方面展开，“源头严防、过程严管、后果严惩”，已在自然资源资产管理体制、资源环境有偿使用及产品价格改革、生态环境保护管理体制、生态文明技术创新支撑机制、生态文明建设考核评价机制和法规保障机制等方面展开行动，正快步形成一套系统完整的生态文明制度体系。

按照控源、截污、生态恢复和优化发展“四位一体”的原则，辽宁省重点组织实施了污染源头治理、干流重点生态保护与恢复、支流河口湿地建设及垃圾处理等 197 个治理项目；在“大浑太”治理歼灭战中，以水污染防治带动城市布局和产业结构调整，实现水环境、景观环境、生态环境和城市发展环境四个环境的推升，重点实施了污染源头治理、河流综合整治和农村环境治理等 135 个项目。

目前，辽河流域生态文明建设规划已初步形成。辽宁省编制了《辽河流域生态带规划纲要》，辽河保护区内市、县均制定了生态带建设规划；通过实施河道清淤、生态护岸、恢复水生植物等工程，整治河道 167 千米，将石佛寺水库由滞洪功能转为生态功能；实行退耕还河、自然封育，从沿河农民手中回收回租河道内侧河滩地 38667 公顷；编制了《辽河生态文明示范区旅游发展规划》，将辽河干流自身的旅游资源系统梳理整合推出，展示了辽河生态文明示范区的建设成果。

二、国内生态文明建设的经验

（一）坚持生态优先，加快经济社会转型发展

必须把生态优先的理念贯穿到经济社会发展的过程中去，在保护中发展，发展中保护，推动经济、文化、政治、社会、生态五位一体全面融入，坚持绿色发展、低碳发展、循环发展，加快经济社会转型，推动建立人口、资源、环境相统一，自然、经济、社会相协调的发展模式，才能真正促进生态文明的长效发展，提高可持续发展能力。

（二）坚持政府引导，注重市场调节作用

外部性、社会性、公共性是生态环境保护的内在特点。作为公共产品，政府需要作为环境管理的主体，促进环境问题的解决。如何通过法律、经济和行政等综合措施，建立健全有利于保护生态环境的体制和机制，促进外部成本内部化、社会成本企业化是生态文明建设的重要任务。从外部性出发要完善有利于环境保护的价格、税收等政策，积极促进污染外部成本内部化；从社会性出发要坚持“污染者付费”；从公共性出发要充分发挥市场机制在污染治理中的作用。

（三）坚持制度保障，强化能力建设

在生态环境保护方面，注重制度建设，构建高效的体制机制，是加强生态环境保护的基本保障。我国按照可持续发展战略要求，相继颁布实施和修订了一系列相关的

法律、法规。在环境立法中，强调预防为主原则，初步形成了源头减量、过程控制和末端治理的全过程管理思路。坚持依靠科技支撑可持续发展，不断加大相关领域的科技投入和科技人才的培养。通过媒体宣传、教育培训等各种途径，在全社会广泛普及可持续发展理念，引导社会团体和公众积极参与。健全新闻媒体监督机制，保障可持续发展取得预期成效。

（四）坚持试点示范，积极探索生态文明建设模式

生态文明建设不可能一蹴而就，需要不断探索，开展试点示范是探索生态文明建设的有效模式，通过广泛开展《中国21世纪议程》地方试点、国家可持续发展实验区建设、循环经济试点、资源节约型和环境友好型社会建设试点、生态示范区建设等工作，探索形成了一系列创新型的、符合区域特点的可持续发展模式。

（五）坚持务实合作，共享可持续发展经验

加强与国外政府机构、国际组织、企业、研究咨询机构等的深层次、宽领域、多方式的交流与合作，共享各方的经验与教训，提高可持续发展的国际合作水平。

第五章　生态文明制度体系建设

第一节　我国生态文明制度建设

一、我国生态文明制度建设的进展

我国的生态文明制度建设集中在环境保护和循环经济政策上。改革开放以来特别是21世纪以来，我国的生态保护和循环经济从认识到实践都发生了重大转变，取得了重大进展，但仍存在不少问题，面临巨大挑战。

（一）我国生态文明法制体系建设

从20世纪80年代开始，中国加快了环境保护法律、法规制度体系建设的步伐。法律规制体系已经形成，但仍需继续完善、细化、系统化和加强执行力。据司法网站资料显示，国家发布的环保类法律法规已达107件，相关文件及司法解释159件，涵盖了以环境保护、资源节约为核心的方方面面。如2000年前出台并实施的法律法规主要有《中华人民共和国环境保护法》《中华人民共和国海洋环境保护法》《中华人民共和国水污染防治法》《中华人民共和国环境噪声污染防治法》《中华人民共和国森林法》《中华人民共和国矿产资源法》《中华人民共和国煤炭法》《中华人民共和国野生动物保护法》《中华人民共和国电磁辐射环境保护管理办法》《中华人民共和国水产资源保护条例》《中华人民共和国自然保护区条例》等。2000—2012年制定或修订并实施的环境保护相关法律、法规主要有：《中华人民共和国大气污染防治法》（2000年修订）；《中华人民共和国渔业法》（2000年修订）；《中华人民共和国清洁生产促进法》（2002年通过）；《中华人民共和国环境影响评价法》（2002年通过）；《中华人民共和国放射性污染防治法》(2003年通过);《中华人民共和国固体废物污染环境防治法》(2004年修订);《中华人民共和国可再生能源法》(2005年通过);《中华人民共和国节约能源法》(2007年修订);《中华人民共和国循环经济促进法》(2008年通过);《中华人民共和国水污染防治法》(2008年修订);《规划环境影响评价条例》(国务院令第559号);《防治船舶污染海洋环境管理条例》(国务院令第561号);《太湖流域管理条例》(国务院令第604号);《放射性废物安全管理条例》(国务院令第612号)等。

为了加大生态环境保护力度,《中华人民共和国刑法》(1979年7月1日第五届全国人民代表大会第二次会议通过,1997年3月14日第八届全国人民代表大会第五次会议修订)第三百三十八条,对违反国家规定,向土地、山体、大气排放、倾倒或处置有放射性的废物、含传染病病原体的废物、有毒有害物质或者其他危险废物,造成重大环境污染事故的,做出了追究刑责的规定。2011年《中华人民共和国刑法修正案(八)》,又对刑法规定的“重大环境污染事故”进行了进一步的完善。2013年6月18日,最高人民法院、最高人民检察院公布《关于办理环境污染刑事案件适用法律若干问题的解释》。这一司法解释有14项细化标准界定“严重污染环境”行为必究刑责,自2013年6月19日起施行。特别是对负有监管责任的国家机关工作人员严重不负责任,导致发生重大污染事故者,有了追究刑责的标准界定;在执法方面,对阻挠环境监督检查者也规定了将从重处罚。

与上述国家层面的环保制度建设相配套,中国各地区各部门,实施细则层面的制度也逐步出台,尤其是各类环境政策工具,如绿色信贷、绿色保险、绿色电价、生态补偿、排污收费、绿色贸易、排污权交易等均开展了尝试。环境经济制度框架已经初步形成。

(二)民众的生态意识日益觉醒

随着经济社会的快速发展和科技教育的日新月异,中国广大民众的生态意识日益提高,已经形成了尊重自然、顺应自然、保护自然的大众意志,汇成了推动生态文明建设的强大社会力量。

第一,从一般民众的环境意识来看。他们尊重自然意识、生态权益意识、生态道德观念的觉醒和增强,是在对自身生产生活环境不断恶化的反思中痛定思痛的,他们从铅中毒、毒大米、癌症村等切肤之痛中认识到尊重自然、保护环境、建设生态文明,事关自己的健康幸福。因而经历了从关注自身物质财富的增长,到关注自身赖以生存的生态环境污染的控制和防治,再到关注人与自然和谐的生态伦理的升华过程。

正是有了这种生态伦理价值观念的升华，他们不仅逐渐在摒弃自身有害于生态环境和浪费资源的传统生产生活习惯，而且自觉地、积极地参与生态治理。如联合起来组织环保志愿者队伍，奋力抵制、举报“资本逻辑”下的野蛮生产和环境破坏，保护美丽的家园；协助媒体和国家环保监管部门同破坏生态环境的行为做不懈的斗争等。草根民众对生态产品的迫切期盼和应对生态危机的坚定意志、自觉行为，奠定了政府推进生态文明建设的强大基础。

第二，从社会舆论、社会风气来看。我国的各种媒体，从报纸期刊到广播电视、网络媒体，对全球和全国生态环境的关注，对生态理念、生态法规、循环经济的宣传，对野蛮生产、恶意浪费及危害环境、危害百姓利益的环境破坏典型案件的揭露和批判，对保护生态环境，发展循环经济，实现低碳发展、绿色发展，以及低碳生活、科学合理消费经验的总结、褒扬，为传递生态文明建设的正能量，做出了积极贡献。

第三，从各级政府的发展理念、发展思路来看。从国家和各地区制定的发展战略和发展规划中可以看出，各级政府正在逐渐转变和提升绿色发展的理念和思路，正在经历从单纯追求 GDP 增长向追求人口资源环境相协调、经济社会生态发展相统一转型的痛苦探索之中。特别是 21 世纪以来，建设两型社会，实现科学发展、绿色发展、低碳发展，建设美丽中国等可持续发展理念已成为各级政府的施政纲领，集中体现在国家“十一五”“十二五”规划之中，体现在“建设美丽中国、实现中华民族永续发展”的“五位一体”的战略部署中，以及各地方政府的相应规划之中。当然，其中的关键是要冲破“资本逻辑”的阻遏，把战略规划落到实处。

二、制约我国生态文明建设的制度障碍

我国当前面临的生态环境问题，有着自然的、历史的原因，但不得不承认，30 多年经济快速发展及其部分领域和区域的盲目开发、无序开发、过度开发是主要原因，而改革不到位、体制不完善、机制不健全，则是更深层面的制度原因。现行法制、体制和机制还不能完全适应生态文明建设的需要，存在较多的制约科学发展的体制、机制障碍，使得发展中不平衡、不协调、不可持续的问题依然突出。制度缺失和执行力不足是生态环境恶化的根本原因。

（一）尚未建立起体现生态文明理念的制度体系

我国已经基本建立了社会主义市场经济体制，但还没有建立起体现生态文明理念和原则的社会主义市场经济体制。比如，市场没能很好发挥在资源配置中的决定性作用，在相当程度上、许多领域中，主要还是政府直接配置资源或在政府干预下配置资

源。一些地方政府采取土地优惠、税收优惠、先征后返、财政补贴、电价优惠、降低环保标准等进行招商引资，带来产业转移的早熟，加剧了产能过剩，而产能过剩，是最大的资源浪费和环境破坏。税收和价格机制还难以有效抑制对资源及其资源性产品的过度需求。以GDP论英雄的政绩评价和干部任用办法，对造成生态环境破坏行为缺乏制约和责任追究等，一定程度上也助长了破坏生态环境的行为。同时，缺乏制度作用发挥的长效“自律”机制保障。发挥制度对生态环境保护的作用，不仅需要通过法律法规、政策条例等刚性的正式制度，也需要通过社会风尚、伦理道德等软约束激发人们对环境保护的集体认同感，如“垃圾分类回收”、推行“限塑令”等利于环境友好、推动废物循环利用的“低碳”“绿色”之举，虽然已经成为全社会的普遍共识，然而对此种行为道德评价标准的缺失使之不能上升为道德自律，很难促进此种生态意识转化为生态保护自觉行为。

（二）生态环境制度不系统、不完整

经过60多年的发展，我国在生态环境保护制度的制定方面取得较大成就，各项环境法律，如《中华人民共和国环境保护法》《中华人民共和国大气污染防治法》《中华人民共和国环境影响评价法》等针对水污染、空气污染的法律做到了有法可依，各项环境规划与标准也随着生态保护要求的提升不断改进，然而，生态文明制度体系内容不够系统完善，生态文明制度的体系化、系统化建设依然有待加强。

首先，缺乏生态安全保障的统领性法规。在资源节约、环境保护、生态建设的各种法规中，分别涉及能源安全、水安全、粮食安全、环境安全、生态安全的内容，但大都从各自相对狭义的领域界定和规范，忽略了能源、水、粮食、环境和生态之间的相互关联和依存。例如，有关森林、生物多样性和湿地的法规中涉及的生态安全，对能源、粮食、污染控制等存在内在关联的核心内容涉及有限甚至完全忽略，只是狭义的生态安全；而生态文明建设所要求的生态安全，是广义的，涵盖了能源、水资源、耕地保护、污染控制等诸多方面，只有这样，才能将生态文明融入经济、政治、文化和社会建设的各个方面和全过程。

其次，资源环境的事前防范与保护，没有通过完整的自然资源资产产权制度对所有国土自然资源的产权明晰化，许多全民所有自然资源资产的产权所有者不到位，用途管制在耕地方面落实较好，但没有扩展到占用其他自然生态空间，对于自然生态保护及自然资源利用尚未划定明确的空间及时间红线，以降低生态风险。监管过程中，没有建立起严密监管的制度。对各地没有资源环境方面的警示和约束，一些地区在资源环境承载能力减弱后仍在过度开发；环境保护的制度不少，但在环境保护中居核心

地位的污染物排污许可制度和企事业单位污染物排放总量控制制度还很不健全。资源的开发及利用过程中偏低的价格机制不能反映市场供求、资源稀缺程度、生态环境损害成本和修复效益，没有通过严格的生态补偿及资源有偿使用制度弥补生态价值，生态补偿机制作为生态文明建设的重要激励机制，缺乏明确的法律定位、法理依据和市场机制。对生态环境的保护，在法律上是一种义务，而不应该作为获取补偿的条件。为获取补偿而去破坏，有违生态文明建设的初衷，而且补偿不是一个严格的"市场供求"关系，不具备价格弹性，而是基于市场评估的有法律约束意义的利益裁定。如果是"生态服务购买"，则是一种具有价格弹性的市场合约。生态服务的公共物品属性，"政府购买"（中央政府或地方政府转移支付）或集体购买（河流下游政府、团体）或企业（如供水企业代表用户群体），具有生态补偿和生态服务购买的双重属性。由于子孙后代在当代决策中没有发言权，代际补偿实际上是当代人的一种道义上的自我约束和承诺，也需要法律规定和市场机制付诸实施。监管后果上，没有建立起严厉的责任追究和赔偿制度。对那些不顾生态环境盲目决策、造成严重后果的领导，没有追责。一些不法企业偷排、超排，也只是象征性地交点罚款，较少的环境损害赔偿及不严格的追责制度难以对环境破坏及资源过度开发的行为构成约束力，难以弥补生态环境损害和治理成本。因此，要创新生态治理制度体系，推进生态文明体系的制度化、规范化。

最后，现存生态文明建设的相关法规条文原则性强，操作性弱。相关条文需要经过细则、条例、政策来细化、落实，而这些细则和政策多具有临时性，忽略长远性，造成政策多变、政策不连续，令投资商和生产企业无所适从，难以从长计议。其主要体现在两个方面。一是有些方面还存在法规空白与缺项，不适应环境形势的新变化；有些法规相互不协调、不配套；有些处罚标准太轻，不足以震慑违法违规者；有些法规太笼统、欠细化，给执行带来一定困难。二是监管者的管理权限不够和对监管者的责任追究不够是执法不力的制度根源。同时，生态文明建设相关法规修订滞后，难以满足不断深化的生态文明建设的需要。生态文明建设相关法规作为"宏观调控的工具"，对违法企业的处罚力度、执法力度不足，降低了法规的权威性和实际执法的效果。因此，现行的生态文明法律法规制度需要进一步完善、细化、系统化。

（三）生态文明制度落实存在监管不力的漏洞

近年来我国已经制定了许多有利于保护生态资源环境的具体制度，如《中华人民共和国清洁生产促进法》《循环经济法》等法律法规，《全国主体功能区规划》《全国生态保护"十二五"规划》等政策文件，然而在落实过程中效果并不理想。究其原因，主要在于政府监管不到位。长期以来我国对环境事故的惩罚多采取事后罚款方式，目前过轻的行政处罚最高限额难以对偷排、超排企业形成威慑力，如2012年环保部进行的华北六省市地下水污染专项检查共发现558件环保违法事项，88家企业共罚款613万余元，平均每家企业仅承担7万元，此种处罚对于限制企业破坏生态环境的行为无法构成强有力的制约，加之GDP刺激下某些地方政府的盲目决策一定程度上也助长了破坏生态环境的行为。同时，分散的监管力量、交叉的部门职能、较低的公共管理能力都影响了生态环境管理效果，行政效能不高、执法力度不够，无法统筹各方面的力量，发挥政府环境监管的权威性及有效性。由于信息公开制度、举报制度不健全，民众的环境知情权、参与权及监督权得不到有效保障，民众监督、舆论监督及环保非政府组织监督等社会监督形式缺位，难以形成自上而下的监督机制，使得我国生态文明具体制度的落实缺乏实效性。

（四）生态文明价值观还没有形成

生态文明价值观决定着人们对待自然的态度和行为方式，决定着社会的生产和生活的各个方面，因此，在全社会树立牢固的生态文明价值观是建设生态文明的关键。纵向比较，人们尊重自然、爱护环境、绿色发展、低碳生活的生态意识、社会风气有了很大提升，这是不容置疑的，但同生态文明社会建设的需要相比，生态价值导向还没有在社会确立主体地位。我国并非缺乏保护生态环境的具体制度与规范，早在1979年就明确了“预防为主、防治结合”的方针与制度，然而社会主义初级阶段的基本国情决定了我国依然将社会生产力的提升作为发展的主要任务，在处理经济发展与环境保护的矛盾时，部分地方政府及企业往往只看到生态环境的经济价值，而其生态价值由于难以在短时间内显现则被忽视，在具体发展的决策过程中，也往往侧重于GDP总量的提升。对于政府部门的人才培养及教育，往往倾向于经济发展、领导决策能力等方面，而在生态文明制度及生态科技知识提升方面存在短板，具有专业生态知识的领导人才培养仍存在缺口。党的十八大指出要发挥生态对经济、政治、文化、社会的统筹作用，十八届三中全会进一步做出“五位一体”的制度体系改革，表明从党的执政思维、能力方面都有了整体的提升。要学会从人与自然协调发展的角度做出规划，然而将此种生态思维转化成保护生态环境的行动亟须生态文明制度重要性的教育与宣传，以推动、提高环保意识切实进入具体决策过程中。

目前，我国部分领导干部对经济发展必须加速向绿色、集约、高效转型的紧迫性、自觉性认识的高度不够，创新生态经济的知识、能力不够，就必然会驾轻就熟地走传统发展方式的老路，在处理当前增长与长远可持续发展问题上就自然地重眼前轻长远，在处理经济发展与环境保护的矛盾中，就自然地选择"先污染后治理"。他们常常把调结构、转方式与促增长、促就业、促财政对立起来。生产者还不能自觉做到节约能耗、减少排放；消费主义、物质主义、享乐主义依旧盛行，民众不能自觉地做到生态消费。大众媒体如电视、电影、广播、文艺作品等生态文化产品较少，加上生态思想内容表达不准确或者不够通俗化，不能很好地唤起大众的生态意识；部分学校生态教育也存在教条地解说或者简单把生态教育等同于环境保护及污染治理等问题。

生态文明意识的发挥对生态文明制度重要性的认知是生态行为的基础。因此，要在全社会确立生态价值导向，增强参与主体的生态文明制度意识，普及相关生态文明知识，增强生态文明的自觉行动力。

三、生态文明制度体系构建

党的十八届三中全会做出了"必须建立系统完整的生态文明制度体系，用制度保护生态环境"的重大决策。这既是实现美丽中国愿景的必然途径，也是一场紧迫而艰巨的战役。构建生态文明制度体系，一是要完善生态治理制度，建立和完善源头严防、过程严管、后果严惩的相对完备的生态文明政策法规体系。二是转变生态治理方式，构建与环境保护相适应的经济运行机制。形成节约资源和保护环境的空间结构、产业结构、生产方式、生活方式，推进环境保护与经济发展的协调融合，实现经济运行机制的生态转型；推进环境经济政策的革新，转变资源利用方式，提高环境资源的配置效率，加强污染治理，提高生态环境质量和水平，创新生态建设的社会参与机制与区域协作机制，形成资源节约和社会友好的新机制。三是科学规划全国生态文明建设，推进生态领域改革的顶层设计，全面提升生态治理的科学决策能力、政府执行能力和社会的自觉行动能力，整合生态环境保护体制，实现生态治理从一元单治向多元共治的结构性转化，推进政府、社会和公众的共赢善治，构建生态文明的治理体系，保障生态文明建设有序开展，提升生态治理能力。

（一）实现法律和制度的生态化转向，保障生态文明建设的规范开展

加强生态文明建设，国家要有明确的政策引导。中国能否走出当前的生态困境，生态文明建设能否持久进行，关键在于能否为生态文明建设提供法律和制度保障，促使生态文明理念成为新时期一种重要的法律意识、治国理念和政治意志。中国古代兵法上说"上无疑令，则众不二听"，就是说上级的指令要逻辑一致，下级才能明确执行。过去，国家一方面强烈要求地方采取坚决的环境保护措施，另一方面，又在干部考核任用上使用以经济指标为主的评价标准，谁 GDP 增加得快，即使完不成环

境保护目标也无所谓，这就使地方受到错误的引导，显然不利于地方干部树立生态文明、科学发展的观念。在市场经济条件下，由于市场主体天生具有逐利本性，企业可能会为了发展而不顾生态环境，为了自己的舒适而不顾他人的环境，为了当前发展而不顾后人生存，为了经济利益而不顾生态利益，使生态建设让位于经济建设，使节约资源、保护环境、爱护生态成为一句空话。因此，为了强化全社会的生态文明意识，培育良好的生态文明行为，必须通过强化国家立法的形式，将生态文明建设纳入法制化的轨道，明确社会成员应享有的生态权利和应承担的生态义务，规范公众的社会行为，使生态文明成为社会的主流意识，使生态建设成为公众的自觉行动。

经过多年努力，我国环境资源保护工作基本做到了有法可依，但这些法律法规还不能完全适应生态文明建设的需求，需要从理念上加以升华，从内涵上加以深化。要以生态文明理念为指导，以当代生态学理论为基础，以建设资源节约型社会、环境友好型社会为目标，完善原有法律制度，引导法律、制度朝生态化转向。促进法律朝生态化转向，是我国法律修改和完善的目标和方向。审视我国传统法律，在环境与资源保护方面已不能完全适应生态文明建设的要求。传统法律在伦理价值观上是以人类中心主义为价值理念的，较多关注人对自然的权利，而对人类应承担的自然保护义务关注较少；较多关注当代人的利益，而对后代人的生存需求考虑不多，没有体现生命物种之间的代内公平和代际公平。加强生态文明制度建设，就要求立法创新不能仅仅局限于内容和形式的变化，需要进行法律价值观念的创新，将生态文明作为立法导向，将自然界以及后代人的生态需求纳入法律伦理关照的视野，实现整个法律体系的生态化。

要完善生态治理制度，建立和完善源头严防、过程严管、后果严惩的相对完备的生态文明政策法规体系，保障生态文明建设的规范开展。

一是要健全自然资源资产产权制度，完善资产管理体制，实施主体功能区制度，落实用途管制制度，形成节约资源和保护环境的空间格局、产业结构、生产方式、生活方式，从源头上预防和控制环境污染。二是实施资源有偿使用、生态补偿、污染物排放许可等制度，加强生态环境保护过程中的监管。三是健全政府绿色考评体系，严格生态环境保护责任追究制度和损害赔偿制度，加强对环境污染的惩处。

（二）以产业生态化支撑生态文明，保障生态文明建设的持久开展

生态文明建设能否持续进行，关键在于在节约资源、保护环境的同时，经济结构优化、经济发展质量提高，实现经济效益、生态效益与社会效益的协同。曾经奉行的“发展是第一要务”的直接后果是，环境保护成为辅助性、补充性工作，一段时

间"靠边站"，一段时间"上前线"，要靠"集中整治""专项行动"来打"歼灭战"。环境保护工作普遍陷入"滞后、事后、被动、补救"境地，成为周期性、阵发性的辅助性工作。单纯强调环境保护与生态建设而忽视经济建设，生态文明建设就会因失去经济支撑而难以持久。因此，加强生态文明建设，必须以经济建设为中心，以经济反哺环境，环保促进经济增长，发展生态经济，促进产业发展的生态化，实现环境保护为科学发展保驾护航，达到环境保护与经济发展双赢的目标。

产业生态化是以产业生态学为理论指导、以产业可持续发展为目标的新型产业发展模式，通过仿照自然生态系统的循环模式构造合理的产业生态系统，以达到资源的循环利用、减少废物的排放、促使产业和环境协调发展的过程。它的本质是把经济发展与资源综合利用、环境保护结合在一起的产业发展过程，要求第一、二、三产业的发展都要符合生态、经济规律的要求，并保持各产业之间的合理结构。产业生态化是最具实质意义的生态文明建设，能统筹兼顾经济效益、社会效益和生态效益，应将之作为生态文明建设的战略重点，使之成为带动传统产业、带动经济发展的新的经济增长点。产业生态化包括产业结构的生态化、产业经济模式的生态化，以及产业支撑的生态化等环节。

首先，调整优化产业结构，实现产业结构的生态化。生态化的产业结构应是第三产业占主导地位、第二产业发展质量较高、第一产业基础地位牢固的理想模式。当前，我国正处于工业化的中期，产业发展的现状是"一产基础弱、二产比重高、三产发展慢"，经济发展主要靠第二产业拉动，重工业占有较大比重，需要大量劳力、资金和资源能源投入，给生态环境造成极大压力，不利于经济社会的可持续发展。建设生态文明，实现产业发展的生态化，需要实现产业结构的优化升级，需要采取"强化一产，调控二产，加快三产"的综合措施，着力发展资源消耗少、环境污染少的第三产业以及高新技术产业，实现经济发展主要由劳力、资金、资源、环境等物质要素驱动向主要依靠科技进步、劳动者素质提高、管理创新驱动转变。

其次，发展循环经济，实现产业经济模式的生态化。我国当前采用的是传统工业文明的"资源—产品—废物排放"的单向度线性经济发展模式，以资源消耗和环境污染来支撑经济的增长。这种"高投入、高消耗、高污染、低效益"的粗放型经济增长模式导致了资源短缺、环境污染、生态退化，以及种种社会、民生问题。因此，必须实现经济发展方式的转变，发展循环经济。循环经济模式可实现资源在生产链条中多次、反复、循环利用，形成效仿食物链、延伸产业链、提升价值链的"资源—产品—再生资源"的循环流动，以达到资源消耗最少化、废物排放最小化、终端产品无害化和综合效益最大化的目标，从而最大限度地减少对资源的消耗和对环境的污染，实现经济发展的“低投入、低消耗、低污染和高效益”。

最后，进行生态化技术创新，实现产业技术支撑的生态化。技术创新是产业发展的支撑，产业生态化发展需要实现技术创新的生态化转向。生态化技术创新是指把生态效益与社会效益纳入技术创新目标，追求经济增长、生态平衡、社会和谐的技术创新形式，既注重技术创新对经济发展的支撑作用，又注重发挥技术创新对节约资源、保护环境和维护生态平衡的促进作用。生态化技术创新是一次技术创新理念和实践的革命，是节能减排的有效途径。进行生态化技术创新，既要重视用先进技术改造提升传统产业，实现传统工艺的改造升级，比如用信息技术改造传统机械制造业，用生物技术促进传统农业发展，加强传统服务业的信息化改造，建设现代服务业，又要发展高新技术，比如信息技术、生物技术、新能源技术、新材料技术、海洋技术与空间技术等。

（三）科学规划全国生态文明建设，保障生态文明建设的有序开展

建设生态文明是一场涉及价值观念、生产方式、生活方式以及发展格局的全方位变革和系统工程，并非一蹴而就。如前所述，由于生态文明的理念还不完善，相关研究不够系统深入，为了防止出现偏差和误导，需要加强顶层设计和科学指导，明确目标与定位，建立促进全面转型的长效机制和路线图，并在已有的节能环保和可持续发展实践的基础上，选择优先领域健康有序地开展。

生态文明理念既是对环境保护、可持续发展等理念的传承和创新，也是新时期环境保护工作的指导思想。生态文明建设在价值理念、管理模式和运行机制等方面都不同于传统的环境保护工作，需要在理念、模式和机制方面加以创新完善，需要重新进行科学规划，协调当前建设与长远规划之间的关系，既满足当前需要，又确保长远所需。

首先，要制定科学的发展规划，促进区域和流域生态文明建设。制定好区域和流域综合规划是优化空间结构、推进生态文明建设的基本前提。在“十二五”相关规划和地方发展规划中，许多与生态文明建设有关，其中存在三个主要问题：一是规划之间缺少协调和衔接；二是许多规划的制定还不是建立在科学研究的基础上，许多规划目标、行动及相关保障措施还只反映部门或地区利益，存在许多随意性，并不能真正实现生态文明建设的客观要求；三是区域（包括城市群）和流域层面的跨部门综合规划还处于缺位状态，缺少科学的规划工具。因此，要加强区域和流域生态文明建设综合规划的研制，将地区内的土地利用、交通布局、环境保护、社会公共服务等内容统

一起来，处理好中央与地方、发展与环保以及地区之间的关系，通过情景分析和政策模拟实现动态管理，落实规划的项目，评估规划的效果。

其次，要严格执法力度，确保生态安全。我国普遍存在环保执法难、执法力度弱、执法不严现象。当前，整体环保执法形势严峻，特别是基层环保执法更难。从某种程度上说，环保执法难已经成为制约环保工作的瓶颈。一些地方甚至存在"环保违法成本低，守法成本高、执法成本高，执法举证难、追究法定代表人难、强制整改难"的"一低、二高、三难"现象。环保执法不落实，生态文明建设无法保障，生态安全更是空谈。应以生态文明为目标，更加严格地保护环境资源，更加重视对公民权益的维护，推进环境法的执行。因此，必须严格执法，破除地方保护，突出执法主体，提高执法力度，确保生态安全。

再次，要牢固树立生态文明观念，为生态文明建设提供思想支持。在全社会树立生态文明观念，离不开生态文化建设，离不开生态文化的传播、教育和推动，生态文化是公众参与生态文明建设的基本途径，是促进人与自然和谐发展的有效手段，应通过强有力的生态文化宣传教育工作，正确引导和推动在全社会树立起生态价值观、生态道德观、生态政绩观和生态消费观，养成文明生产、消费及文明生活方式。

最后，理顺生态文明建设的体制机制，搞好生态建设跨部门、跨地区的协调工作；协调生态建设与经济建设的关系，做到"两条腿"走路；处理好资源节约、环境保护、生态多样性维护等各层次的生态文明建设问题，做到各种措施同步推进；统筹好各地区，特别是跨流域、跨地区的生态文明建设，做到全国上下一盘棋；积极创新区域环保国际合作，维护好我国的生态安全。

第二节　生态治理制度体系的改革与完善

一、源头严防制度

源头严防，是建设生态文明、建设美丽中国的治本之策。保护生态环境，首先应从源头抓起，按照最严格的原则，建立源头严防的有效机制。这就必须健全自然资源资产产权制度，完善资产管理体制，形成节约资源和保护环境的空间格局、产业结构、生产方式、生活方式。

（一）健全自然资源资产产权制度和管理体制

这是生态文明制度体系中的基础性制度。产权是所有制的核心和主要内容。我国自然资源资产分别为全民所有和集体所有，但目前没有把每一寸国土空间的自然资源资产的所有权确定清楚，没有清晰界定国土范围内所有国土空间、各类自然资源的所有者，没有划清国家所有国家直接行使所有权、国家所有地方政府行使所有权、集体所有集体行使所有权、集体所有个人行使承包权等各种权益的边界。自然资源和环境容易产生“公地悲剧”和“搭便车”现象的根源也是产权不明晰，因此党的十八届三中全会提出：“对水流、森林、山岭、草原、荒地、滩涂等自然生态空间进行统一确权登记，形成归属清晰、权责明确、监管有效的自然资源资产产权制度。”应在建立产权制度的基础上再探索建立资源的有偿使用和生态补偿制度。我国宪法规定，矿藏、水流、森林、山岭、草原、荒地、滩涂等自然资源，都属于国家所有，即全民所有；由法律规定属于集体所有的森林和山岭、草原、荒地、滩涂除外。相关法律规定了全民所有水资源、森林、土地等自然资源所有权的代表者。但全民所有自然资源的所有权人不到位，所有权权益不落实；监管体制上没有区分作为部分自然资源资产所有者的权利与作为所有自然资源管理者的权利。随着自然资源越来越短缺和生态环境破坏越来越严重，自然资源的资产属性越来越明显，其市场价值不断攀升，自然资源和生态空间的未来价值、对中华民族生存发展的意义越来越重大。健全国家自然资源资产管理体制，就是要按照所有者和管理者分开与一件事由一个部门管理的思路，落实全民所有自然资源资产所有权，建立统一行使全民所有自然资源资产所有权人职责的体制，授权其代表全体人民行使所有者的占有权、使用权、收益权、处置权，对各类全民所有自然资源资产的数量、范围、用途进行统一监管，享有所有者权益，实现权利、义务、责任相统一。加快自然资源及其产品价格改革，全面反映市场供求、资源稀缺程度、生态环境损害成本和修复效益。

国家对全民所有自然资源资产行使所有权并进行管理和国家对国土范围内自然资源行使监管权是不同的：前者是所有权人意义上的权利，后者是管理者意义上的权利。我国实行对土地、水资源、海洋资源、林业资源分类进行管理的体制，很容易顾此失彼。必须完善自然资源监管体制，使国有自然资源资产所有权人和国家自然资源管理者相互独立、相互配合、相互监督，统一行使全国陆地国土空间和所有海域国土空间的用途管制职责，对各类自然生态空间行使统一的用途管制制度，对“山水林田湖”进行统一的系统性修复。

（二）坚定不移地实施主体功能区制度

主体功能区制度是从大尺度空间范围确定各地区的主体功能定位的一种制度安排，是国土空间开发的依据、区域政策制定实施的基础单元、空间规划的重要基础、国家管理国土空间开发的统一平台，是建设美丽中国的一项基础性制度。各地区必须严格按照主体功能区定位推动发展，北京、上海等优化开发区域，要适当降低增长预期，停止对耕地和生态空间的侵蚀，开发活动应主要依靠建设用地存量调整解决；三江源等重点生态功能区和东北平原等农产品主产区，要坚持点上开发、面上保护方针，有限的开发活动不得损害生态系统的稳定性和完整性，不得损害基本农田数量和质量。自然价值较高的区域要禁止开发。要加紧编制完成省级主体功能区规划，健全财政、产业、投资等的政策和政绩考核体系，对限制开发区域和生态脆弱的扶贫开发工作重点县取消地区生产总值考核。

国土是生态文明建设的空间载体。要根据全国国土空间多样性、非均衡性、脆弱性特征，按照人口资源环境相均衡、经济社会生态效益相统一的原则，统筹人口、经济、国土资源、生态环境，坚定不移地实施主体功能区战略，以主体功能定位为依据，严格按照主体功能区定位推动发展，完善与主体功能区规划相配套的法规和政策，加强规划实施监督，在推动科学发展中形成各功能区的区域特色和竞争的比较优势，加快优化国土空间开发格局，使生产空间集约高效、生活空间宜居适度、生态空间山清水秀。

法律确定原则，规划划定界限。法律只能确定哪种自然空间必须实行用途管制，哪类国土空间必须限制开发或禁止开发，但具体边界必须通过空间规划来划定和落实。我国是世界上规划最多的国家，但多是计划经济留下来的产业规划、专项规划，符合市场经济原则的空间规划体系还没有建立起来。城乡规划、国土规划、生态环境规划等都带有空间规划性质，但总体上还没有完全脱离部门分割、指标管理的特征，各类空间还没有真正落地，且各类规划之间交叉重叠，都想当"老大"，没有形成统一衔接的体系。

适应生态文明建设要求，必须尽快改变国土规划缺失的局面。国土规划是最高层次的国土空间规划，具有综合性、基础性、战略性和约束性，对区域规划、土地规划、城乡规划等空间规划及相关专项规划具有引领、协调和指导作用。建立国土空间规划体系，当务之急，是抓紧编制全国国土规划纲要，根据资源环境综合承载能力和国家经济社会发展战略，统筹陆海、区域、城乡发展，统筹各类产业和生产、生活、生态空间，对资源开发利用、生态环境保护、国土综合整治和基础设施建设进行综合部署。在此基础上，启动区域和地方国土规划的编制。

要改革规划体制，形成全国统一、定位清晰、功能互补、统一衔接的空间规划体系。将上级政府批准下级行政区规划的体制，改为当地规划由当地人民代表大会批准。提高规划的透明度，给社会以长期明确的预期，更多依靠当地居民监督规划的落实。在国家层面，要理清主体功能区规划、城乡规划、土地规划、生态环境保护规划等之间的功能定位，在市县层面，要实现“多规合一”，一个市县一张规划图，一张规划图管 100 年。市县空间规划要根据主体功能定位，划定生产空间、生活空间、生态空间的开发管制界限，明确居住区、工业区、城市建成区、农村居民点、基本农田以及林地、水面、湿地等生态空间的边界，清清楚楚、明明白白，使用途管制有规可依。

（三）落实用途管制

自然资源和生态空间是我们中华民族永续发展的基础条件，无论所有者是谁，无论是优化开发区域还是限制开发区域，都要遵循用途管制进行开发，不得任意改变土地用途。我国已建立严格的耕地用途管制，但对国土范围内的一些水域、林地、海域、滩涂等生态空间还没有完全建立用途管制，致使一些地方用光占地指标后，就转向开发山地、林地、湿地、湖泊等。我们知道，“山水林田湖”是一个生命共同体，人的命脉在田，田的命脉在水，水的命脉在山，山的命脉在土，土的命脉在树。砍了林，毁了山，就破坏了土地，山上的水就会倾泻到河湖，土淤积在河湖，水就变成了洪水，山就变成了秃山。一个周期后，水也不会再来了，一切生命都不会再光顾了。要按照“山水林田湖”是一个生命共同体的原则，建立覆盖全部国土空间的用途管制制度，不仅对耕地要实行严格的用途管制，对天然草地、林地、河流、湖泊、湿地、海面、滩涂等生态空间也要实行用途管制，严格控制转为建设用地，确保全国生态空间面积不减少。

因此，要建立国土空间开发保护制度。制度建设是推进生态文明建设的重要保障。要根据国土规划和相关规划，划定“生存线”“生态线”“发展线”和“保障线”，全面加强国土空间开发的管控；对涉及国家粮食、能源、生态和经济安全的战略性资源，实行开发利用总量控制、配额管理制度，确保安全供应和永续利用；完善和落实最严格的耕地保护、节约用地制度，建立健全资源有偿使用制度和开发补偿制度，严格资源保护利用责任追究制度。

（四）建立国家公园体制

建立国家公园体制是对自然价值较高的国土空间实行的开发保护管理制度。我国对各种有代表性的自然生态系统、珍稀濒危野生动植物物种的天然集中分布地、有特殊价值的自然遗迹所在地和文化遗址等，已经建立了比较全面的开发保护管理制度，但这些自然价值较高的自然保护地被"各据一方"，一座山、一个动物保护区，南坡可能是一个部门命名并管理的国家森林公园，北坡可能是另一个部门命名并管理的自然保护区。这种切割自然生态系统和野生动植物活动空间的体制，使监管分割、规则不一、资金分散、效率低下，该保护的没有保护好。因此，要通过建立国家公园体制，对这种碎片化的自然保护地进行整合调整。

二、过程严管制度

过程严管，是建设生态文明、建设美丽中国的关键。只有切实把资源有偿使用、生态补偿、污染物排放许可等制度完善、落实下去，加快建立统一监管所有污染物排放的环境保护管理制度，实现监管的有效、有力，才有可能遏制住环境污染和资源浪费等行为的出现。

（一）实行资源有偿使用制度

使用自然资源必须付费，这是天经地义的。但我国资源及其产品的价格总体上偏低，所付费用太少，没有体现资源稀缺状况和开发中对生态环境的损害，因此必须加快自然资源及其产品价格改革，全面反映市场供求、资源稀缺程度、生态环境损害成本和修复效益。我国工业用地总量偏多，居住用地偏少，比例失调。原因之一是土地价格形成机制混乱，各地为招商引资，工业用地实际出售价格往往低于基准价，甚至零地价，为弥补工业用地上的亏空，居住用地屡屡被打造出"地王"，价格畸高。因此，要实施土地差别化管理。优化国土空间开发格局必须发挥土地制度政策的基础性和根本性作用，建立差别化的土地管控体系。要综合运用土地规划、用地标准、地价等制度政策工具，加强土地政策与财政、产业政策的协调配合，促进开发布局优化和资源节约、集约利用。要发挥土地利用计划的调控和引导作用，重点支持欠发达地区、战略性新兴产业、国家重大基础设施建设用地，重点保障"三农"、民生工程、社会事业发展等建设项目用地。

要建立有效调节工业用地和居住用地合理比价机制，提高工业用地价格，从源头上缓解房价上涨压力。同时，要通过税收杠杆抑制不合理需求。当代的价格机制难以充分体现自然资源的后代价值，当代人不肯为后代人"埋单"，必须通过带有强制性的税收机制提高资源开发使用成本，促进节约。要正税清费，实行费改税，逐步将资源税扩展到占用各种自然生态空间。例如，若对抽采地下水实行水资源税，就可以有效抑制过量开采地下水的行为。

（二）实行生态补偿制度

健全生态补偿机制和政策，按照“保护者受益，享用者尽责”的原则，尽快建立区域生态补偿的长效机制，不断提高生态补偿标准。重点生态功能区保护生态环境就是保护和发展生产力，就是在发展，只不过发展的成果不是生产工业品和农产品，而是生态产品。生态产品生产者向生态产品消费者出售生态产品，理应平等交换，获得收入，这不是施舍或救助。生态产品具有公共性、外部性，不易分隔、不易分清受益者，中央政府和省级政府应该代表较大范围的生态产品受益人通过均衡性财政转移支付方式购买生态产品，这就是生态补偿。所以，要完善对重点生态功能区的生态补偿机制。同时，对生态产品受益十分明确的，要按照谁受益谁补偿的原则，推动地区间建立横向生态补偿制度。如河北的张承地区，肩负着为北京、天津提供优质足量水资源的主体功能，京津两市就应该给予必要的补偿，并使之制度化。这样，才能使保护生态环境、提供生态产品的地区，不吃亏，有收益，愿意干。发展环保市场，推行节能量、碳排放权、排污权、水权交易制度，建立吸引社会资本投入生态环境保护的市场化机制，推行环境污染第三方治理。

（三）建立资源环境承载能力监测预警机制

资源环境承载能力是指在自然生态环境不受危害并维系良好生态系统前提下，一定地域空间的资源禀赋和环境容量所能承载的经济规模和人口规模。水、土地等不宜跨区域调动的资源，以及无法改变的环境容量，是一种不以人的意志为转移的物理极限，不是靠价格机制能调节的。我国不少地区在现行发展方式下的经济规模和人口规模已经超出其资源环境承载能力极限，国土空间开发强度过高，使得生态空间和耕地锐减，大量开采地下水，污染物排放超出环境自净能力。建立资源环境承载能力监测预警机制，就是根据各地区自然条件确定一个资源环境承载能力的红线，当开发接近这一红线时，提出警告、警示，对超载的，实行限制性措施，防止过度开发后造成不可逆的严重后果。

（四）完善污染物排放许可制

依法对各企事业单位排污行为提出具体要求并以书面形式确定下来，作为排污单位守法、执法单位执法、社会监督护法依据的一种环境管理制度。排污许可制是国际通行的一项环境管理的基本制度，美国、日本、德国、瑞典、俄罗斯及我国台湾地区、香港地区都已对排放水、大气、噪声污染的行为实行许可证管理。我国在20世纪80年代末就提出建立污染排放许可制，但目前仍没有完全建立，立法层次低，许多还是政策性规定，地区之间很不平衡。排污许可制的核心是排污者必须持证排污、按证排污。实行这一制度，有利于将国家环境保护的法律法规、总量减排责任、环保技术规范等落到实处，有利于环保执法部门依法监管，有利于整合现在过于复杂的环保制度。要加快立法进程，尽快在全国范围内建立统一公平、涵盖主要污染物的污染物排放许可制。

应实行企事业单位污染物排放总量控制制度，总量控制包括目标总量控制和环境容量总量控制。前者如，根据国家“十一五”规划、“十二五”规划确定的主要污染物总量减排指标，分解落实到各省、自治区、直辖市，各省区市再分解到所辖的市，市再分解到县，市、县两级再分解到具体排污企业。同时，国家也对央企直接规定总量减排指标。后者如，我国大气污染防治法规定，在特定区域，由地方政府核定企事业单位的主要大气污染物排放总量。总体上看，我国目前还没有建立规范的企事业单位污染物排放总量控制制度，现在的总量层层分解，具有行政命令性质，不是法定义务，特定区域和特定污染物的总量控制，覆盖面窄。实行企事业单位污染物排放总量控制制度，就是要逐步将现行以行政区为单元层层分解最后才落实到企业，以及仅适用于特定区域和特定污染物的总量控制办法，改变为更加规范、更加公平、以企事业单位为单元、覆盖主要污染物的总量控制制度。

三、后果严惩制度

后果严惩，是建设生态文明、建设美丽中国必不可少的重要措施。为此，要创新经济社会发展考核评价体系，实施严格的生态环境保护责任追究制度和损害赔偿制度。经济社会发展考核评价体系是完善生态文明建设政策机制的前提。管理必须有标准。党的十八大报告指出：“要把资源消耗、环境损害、生态效益纳入经济社会发展评价体系，建立体现生态文明要求的目标体系、考核办法、奖惩机制。”报告将生态文明评价体系和奖惩制度建设提升到了一个新的高度。2013年5月24日，习近平总书记主持中央政治局集体学习时表示，中国绝不以牺牲环境为代价去换取一时的经济增长，并提出终身追责制，凡越过“生态红线”的，就应当受罚；造成严重后果的，必须追究其责任，而且应该终身追究。并且使用了“不能越雷池一步”的表达。自党的十七大以来，为了解决环境和资源破坏问题，有关生态文明建设的目标体系、考核办法、奖惩机制，就已进入政府和学界的视线，其中“绿色GDP”最受关注，沿海发达地区的一些地方政府，在这些方面已做出了有益的尝试。

（一）健全政府绿色考评制

要按照生态文明建设要求，将资源消耗、环境损害、生态效益指标全面纳入地方各级党委政府考核评价体系并加大权重。对主体功能区中的限制开发区域和生态脆弱的国家扶贫开发工作重点县取消地区生产总值考核。对已有的自然资源和生态保护、环境影响评价、节能评估审查、土地和水资源管理等制度规定，进行全面修订完善。加强监督、严格奖惩，建立起与经济社会相适应的生态文明评价及奖惩制度，使各项制度成为硬约束。对领导干部实行自然资源资产离任审计，建立生态环境损害责任终身追究制。

政府是社会的管理者，是推动社会和经济发展的领导力量。当经济发展与生态环境的矛盾日益激化时，就必须强化政府的环境管理职能。在国内生产总值指标指引下，"为了'先把经济搞上去'，不知不觉地付出了沉重的环境、资源代价"。党的十七大报告着重强调了建立环境保护责任制的重要性，党的十八大报告对政府和领导干部的绿色政绩考评提出了新要求，要求把资源消耗、环境损害、生态效益纳入经济社会发展评价体系，建立体现生态文明要求的目标体系、考核办法、奖惩机制。因此，必须改革以 GDP 为核心的评价指标，要把资源消耗、环境损害、生态效益纳入经济社会发展评价体系之中。绿色 GDP 指标，必须成为当前评价地方政府政绩指标体系的重要部分。要由目前 GDP 主导，逐步转化为包括绿色 GDP 的综合化指标体系，其中资源、环境和社会指标要有更大的权重。

绿色政绩考评是指考评机关按照一定的程序对政府领导干部在行使其环保职责、落实政策与法律的过程中体现出的管理能力进行考核、核实、评价，并以此作为选用和奖惩干部依据的活动过程。中国政府绩效考核体系不能将 GDP 的增长作为单一的评测指标，过去的 GDP 核算方法只是对经济增长数字进行统计，忽视了体现生态、环保等绿色 GDP 的要素，导致自然资源的大量毁损。将绿色 GDP 纳入统计体系和干部考核体系，不但使政府官员的考核制度更为完善和科学，而且有助于我国"五位一体"建设目标的实现。

健全政府绿色考评体系，首先要坚持贯彻科学发展观，树立绿色、科学的政府和领导干部考评价值取向，引领广大领导干部转变建设和谐社会的思想目标。其次，要完善政府政绩考评的内容和指标体系，建立符合生态文明建设要求的责任体系。注重民生考评工作，积极推进两型社会建设。最后，要健全多元化的考评方式，运用网络等技术平台，及时、有效地梳理考评意见，总结生态文明建设工作的不足，加快推进生态文明建设。将环境保护与干部选拔挂钩，让那些不重视污染防治工作、没有完成年度任务的领导干部得不到提拔、重用；让那些重视生态文明建设，防治污染工作取得成效的领导干部得到重用。地方发展，不仅是经济，还有美好生态的发展；没有良好的生态，发展就失去了目标。将环境保护目标与领导干部任用挂钩的制度，是最直接的提升生态文明的制度。

（二）建立生态环境损害责任终身追究制

生态环境保护责任追究制度的重点，是对各级政府建立生态环境保护的约束性规范，要做到将主要污染物排放总量控制指标和其他重要指标层层分解落实到各地区、各部门，落实到重点行业和单位，确保约束性指标任务的完成。要完成这项工作的前提条件是，把环境保护目标纳入党政领导考核内容，实行严格的环保目标责任追究制度。这是针对领导干部盲目决策造成生态环境严重损害而实行的制度。我国生态环境的问题与不全面、不科学的政绩观及干部任用体制有极大关系。一些地方为了一届任期内的经济增长，不顾及资源环境状况盲目开发，尽管可能本届任期内实现了高增长，却造成了潜在的生态环境损害甚至不可逆的系统性破坏。建立生态环境损害责任终身追究制，就是要对那些不顾生态环境盲目决策、造成严重后果的领导干部，终身追究责任。要探索编制自然资源资产负债表，对一个地区的水资源、环境状况、林地、开发强度等进行综合评价，在领导干部离任时，对自然资源进行审计，若经济发展很快，但生态环境损害很大，就要对领导干部进行责任追究。

推行地方领导干部离任生态审计制度。中国要实现经济的转型升级，必须建立一整套可持续发展的制度框架。把官员的升迁同对环境的考核挂钩，进一步把环保标准引入官员政绩考核中。尤其是在地方领导即将离任时，上级有关部门应对其辖区内的山地、林地、草地、沿海、沙滩、江河等进行考察和检查。其中重点考核其在任期间生态环境是否遭受污染和破坏，特别是考核其在任期间各项经济决策和个人政绩是否以牺牲生态环境为代价。生态审计制度如果能全面推行，将有利于地方的全面发展，尤其是生态文明的全面发展。生态审计制度可以从根本上遏制地方领导的急功近利，它是考量地方政府领导在任期间进行生态建设的“尺子”。

（三）实行损害赔偿制度

要对造成严重事故的责任人，包括地方政府、行政官员，严格追究其法律责任，尤其是刑事责任。用刑罚手段来保护环境、治理污染，是治国的一大利器。1997 年 3 月，我国修改刑法时就在刑法分册中专门增加了一节破坏环境资源保护罪的规定，增加了“重大环境事故污染罪”等新罪名，并对罪状和量刑做了明确具体的规定。追究环境破坏者的刑事责任，是保护环境的重要制度安排。这是针对企业和个人违反法律法规，造成生态环境严重破坏而实行的制度。在国土空间开发和经济发展中如出现违反法律规定、违背空间规划、违反污染物排放许可和总量控制的行为，则对这些破坏性的行为，要严惩重罚，加大违法违规成本，使之不敢违法违规。我国有关法律法规中对造成生态环境损害的处罚数额太小，远远无法弥补生态环境损害程度和治理成本，更难以弥补对人民群众健康造成的长期危害。因此，相关部门要对造成生态环境损害的责任者严格实行赔偿制度，对造成严重后果的，要依法追究刑事责任。

第三节 生态治理方式的转变与改革

一、实现经济运行机制的生态转型

资源环境问题，究其本质是发展方式、经济结构和消费模式问题。在生产、流通、分配、消费的各个领域，都会不同程度地利用资源、影响环境，单独在某一个或几个方面推行节约环保，难以从根本上解决资源环境问题。这就要求我们必须根据自然环境承载力规划经济社会发展，把节能环保的要求全面体现到经济发展的各个领域和每个环节。因此，要构建与环境保护相适应的经济运行机制，形成节约资源和保护环境的空间结构、产业结构、生产方式、生活方式，推进环境保护与经济发展的协调融合，坚决杜绝先污染后治理、先破坏后恢复、边治理边污染、边恢复边破坏的现象，实现经济运行机制的生态转型。

党的十八大报告首次把优化国土空间开发格局放在突出位置，作为加快推进生态文明建设的重要工作。国土空间开发布局对生态环境保护带有根本性、战略性意义，从而进一步凸显了生态环境在国家经济社会发展顶层设计的基础性、前提性地位，这也为进一步加强环境保护的宏观调控和综合管理职能提供了契机。加快实施主体功能区战略和环境功能区划，推动各地区严格按照主体功能定位发展，构建科学合理的城市化格局、农业发展格局、生态安全格局。

（一）发展绿色生产力，为生态文明建设提供持续动力

绿色生产力的发展需建立在经济结构调整的基础之上，以“绿色”推动产业结构调整和分配结构及其他经济结构的调整，以循环发展为新的经济发展方式，优化资源配置，增强自主创新能力。同时，将“低碳”和“发展”有机结合起来，开发低碳能

源，发展低碳产业，倡导低碳生活，以此为生态文明建设提供持续动力。

1. 积极推动经济结构调整，走绿色发展道路

绿色发展是建立在生态环境容量和资源承载力的基础上，以实现经济、社会和环境的可持续发展为目标，把经济发展过程"绿色化""生态化"作为主要途径的一种新型发展模式。深化改革，加快经济结构调整，发展生态产业，推进经济结构战略性调整是加快转变经济发展方式的主攻方向。应按照物质资源循环利用、生产工艺绿色环保等要求，深化改革，改善和优化产业结构，推动新兴产业，发展生态产业。

（1）以绿色发展推动产业结构调整

发展绿色经济，需要以产业结构调整为基础。产业结构作为经济发展方式转变的重要途径，必须遵循其转变的方向，即实现经济效益与生态效益的统一。由此可以发现，产业结构调整要从第一产业向第三产业调整，如重工业的比重向新型农业比重倾斜，发展新型农业。发展生态经济，建立科学、健康的生态经济体系不仅要优化产业结构，发展无污染产业，而且要有合理的产业布局，这样才能取得经济发展和生态环保的共同效益。

加快推进产业转型升级。既要有压，也得有增，在压、增中转型升级，培育新的经济增长点。当前产业准入的环境标准不一致，产业政策不协调、不配套、不细化，由此造成守法成本高，违法成本低，执法很吃力，责任难追究。对此，应同时从增量和存量两方面进行调整。在增量方面：严格市场准入，完善产业准入的环境标准，提高准入门槛，对不同主体功能区的项目实行不同的占地、耗能、耗水、资源回收率、资源综合利用率、工艺装备、"三废"排放和生态保护等强制性标准。对于未批先建的项目一定要加强监管。在存量方面：完善市场退出机制，对不符合生态文明要求的现有产业，通过设备折旧补贴、设备贷款担保、迁移补贴、土地置换等手段限制其生产能力，加快淘汰落后产能，促进产业转型升级。对于重点生态地区应依法关闭所有污染物排放企业，确保污染物"零排放"，难以关闭的，必须限期迁出。要大力发展战略性新兴产业、先进制造业，改造提升传统产业，推动服务业特别是现代服务业发展壮大。节能环保产业是重要的战略性新兴产业，是我国经济新的增长点，发展空间巨大。要通过深化改革，探索新机制、新方法，在更大范围、更广领域吸引更多社会资本参与到节能环保领域中。推进生态工业发展，开展清洁生产程序，提高资源利用率和产品的使用回收率，减少有毒物质的排放。生态工业园区建设成为解决工业园区环境问题、实现开发区转型和区域经济可持续发展的主要途径之一。

推进生态农业发展，以生态学原理为主导，创新科技手段和现代管理方法，设计

和利用生态系统的平衡和修复能力，施用有机肥和新型肥料，减少农药化肥的使用，减少土壤残留物和重金属污染。建立资源、环境、效率、效益兼顾的农业生产体系，形成生态系统良性循环、景观优美、功能多样、城乡一体的新型农业。

（2）绿色发展理念促进分配结构及其他经济结构的调整

调整投资与分配结构，投资建设绿色企业和绿色基础设施。在国民收入投入扩大再生产和非生产性建设过程中，坚持贯彻绿色发展理念，使企业在再生产过程中能进行理念更新、技术更新，以减少生产过程及生产产品对环境的危害；人们的公共设施，如学校、医院、经济适用房等非生产基本建设应以绿色发展理念为指导，建立生态的管理体制、绿色的生活方式。目前，我国收入分配不合理，两极分化程度日趋严重，成为生态文明建设的一大障碍。所以更要深化分配制度改革，缩小个人收入差距，促进绿色消费；缩小城乡差距，营造环境公平；缩小区域差距，构建生态平衡。调整交换结构，如调整进出口结构，提高高能耗、非生态产品的流通成本；调整消费结构，倡导绿色消费，遏制非理性消费；调整技术结构，发展绿色科技；调整劳动力结构，推动劳动力向绿色、生态产业流动等。

2. 加快转变经济发展方式，走循环发展道路

循环发展指依靠经济发展体制的更新及科学技术水平的提高，构建人、社会、经济、资源有序发展、循环利用的一种发展模式。循环经济是对“大量生产、大量消费、大量废弃”传统增长方式和消费模式的根本变革，能够实现资源永续利用，源头预防环境污染，有效改善生态环境，促进经济发展与资源、环境相协调。应推进生产、流通、消费各环节循环经济发展，加快构建覆盖全社会的资源循环利用体系。生态危机的现实压迫和人类精神的超越追求促使人们反思传统工业文明的发展理念和发展模式。我国“九五”规划明确指出“积极推进经济增长方式的根本转变”，经济增长方式从粗放型向集约型转变。党的十七大提出“转变经济发展方式”，推动产业结构优化升级。党的十八大再一次指出：“以科学发展为主题，以加快转变经济发展方式为主线，是关系我国发展全局的战略抉择。”合理有序的经济发展方式不仅能实现经济集约型增长，而且能够达到人、社会、资源的全面协调可持续发展。循环经济把传统的线性经济增长模式转变为生态型非线性发展方式，符合转变经济发展方式的要求。依据我国经济发展战略选择，走循环发展道路是实现生态文明建设的必要途径。

（1）优化资源配置

政府层面，政府通过财政政策把资源转移到需要发展的领域，如把投资转移到新农村建设上来。现阶段，广大农村地区仍存在基础设施薄弱的问题，生活垃圾对江

河湖泊造成了极大的污染；农民对化肥的使用不规范，以致耕地受污染现象日益严重。要加强新农村基础设施建设，建立良好的农村生活环境，如对生活垃圾进行生态处理。同时，加大对农村教育、医疗、社会保障等方面的投资力度，保障广大农村地区形成良好的生态发展环境。企业层面，企业要积极建立现代企业制度，引入竞争机制，改善公司管理结构，积极推进技术革新，以技术创新为动力，优化能源结构，提高资源利用率，把投资转移到新兴产业上。

（2）增强自主创新能力

加大对生物、新能源开发等高科技领域的投入，扶持一批拥有自主创新能力的企业，加强知识产权保护；创新、产学、研结合体系，引进高科技人才，加速科技成果转化，实现资金—技术—资金—新技术的良性循环；加强集成创新，形成竞争机制；积极引进国外先进科学成果，进行消化吸收和再创新；培养青少年的创造力，形成知识、人才、科技的传承与发展。同时，增强可持续发展能力，构建高能耗产业的资源约束机制，开发新能源，发展清洁能源，创新减排治污技术，推进节能减排工程；加强环境监管力度，完善环境保护奖惩制度，构建可持续发展的长效机制。

科学发展，走循环发展道路，推进生态文明建设。树立全面、协调、可持续的发展观，发展循环经济。走循环发展道路，是实现我国生态文明建设的必由之路。循环发展要求人类在使用资源过程中，以资源的高效利用和循环利用为目标，达到资源的合理配置，实现人与自然、人与社会、人与人之间的和谐发展。因此，循环发展是科学发展观的必然要义，是生态文明建设的途径之一。

3. 充分依靠科学技术创新，走低碳发展道路

低碳发展是将"低碳"与"发展"有机结合起来，指通过创新科技手段和改进经济发展模式，在生产过程中实现低能耗、低污染、低排放，同时提高产品竞争力，是一种经济社会可持续发展模式。低碳经济是全球生态文明发展的新趋势。它的基本特征是低能耗、低排放、低污染，基本要求是应对碳基能源对气候变化的影响，基本目标是实现经济社会的可持续发展。我国资源短缺、能源紧张、环境恶化、资源浪费严重，所以走低碳发展道路不仅仅是政府的职责所在，也是每个公民应尽的责任。低碳发展是经济发展方式的一次全新的转型升级，是实现可持续发展的必然选择，也是落实科学发展观的必然要求。低碳发展的实质是发展低碳技术，提高能源利用率，调整能源结构，开展低碳产业。因此，依靠科技创新才能推动低碳发展。

（1）倡导低碳发展，开发低碳能源

我国经历了 30 多年的以经济建设为目标、以化石能源为主导的高碳发展时代，

在经济社会得到发展进步的同时，人们也逐渐认识到传统能源结构下的经济发展带来的危害。在节能动力上，决定能源弹性系数的两个因素是技术和结构。因此，创新节能技术，提高能源利用率，是低碳发展的必要途径；开发可再生能源，代替化石能源，是低碳发展的必然途径。随着科技进步，高碳能源在得到高效利用的同时也将随着低碳能源的开发而逐渐退出历史舞台，取而代之的是风能、水能、太阳能、生物质能、核能等清洁低碳能源。

（2）创新低碳科技，发展低碳产业

低碳产业是以低能耗、低污染为基础，依靠科技进步使碳排放量最小化或无碳化的产业。目前，我国高碳产业，如钢铁、石化、建材、冶金、造纸等产业在国民经济中占有较高的比重。这些高碳产业一方面依靠科技进步提高能源利用率和减少对环境的污染，另一方面将被新兴低碳产业代替。在产业战略发展上，国家应选择低碳经济相关产业作为未来发展方向，并在财政、信贷等多方面给予大力扶持，使低碳经济真正成为我国经济发展新的增长点。2010 年，温家宝同志在政府工作报告中指出国际金融危机正在催生新的科技革命和产业革命，发展战略性新兴产业，抢占经济科技制高点。比如，山东祥光铜业通过技术创新、高端发展，创造了低碳发展模式。2012 年 8 月对园区的验收表明，该园区内生产链的污染排放已达零排放指标，正向着国家级生态工业示范园区建设目标迈进，并从国际先进向国际领先水平迈进。

资源能耗低、物耗低、污染小是低碳产业选择的关键条件，大力发展新能源、新材料、新医药、电动汽车、生物能源、信息产业及现代服务业，是发展低能碳产业的主导方向。

（3）推广低碳理念，倡导低碳生活

低碳理念贯穿于人类政治、经济、文化活动的方方面面，其核心理念在于研发、推广节能环保技术，倡导低碳生活。以低碳理念引导低碳生活，开发和推广能耗低、污染少的产品与产业，推广清洁能源的生产与消费，增强环保意识，开展节能减排活动，倡导健康、自然、安全、低能量、低消耗、低开支的生活方式。一是选用节能产品，拒绝消费高能耗产品，如少开车多步行，少开空调，少用或重复使用纸张，选用节能电器等。这既能为社会“减排”，也可促进高能耗产业的转型升级。二是适度消费，避免铺张浪费。节约是传统美德。提倡节约，反对浪费。朋友聚餐，推行“光盘行动”；逛街购物，够用就行，合适即好，反对攀比。三是养成良好的低碳生活习惯，可以从衣食住行等方面着手，如购物主张够用就好，不铺张浪费等。

（二）优化空间开发格局，减轻经济活动对资源环境的压力

优化国土空间开发格局，从本质上讲，就是根据自然生态属性、资源环境承载能力、现有开发密度和发展潜力，统筹考虑未来我国人口分布、经济布局、国土利用和城镇化格局，按区域分工和协调发展的原则划定具有某种特定主体功能定位的空间单元，按照空间单元的主体功能定位调整完善区域政策和绩效评价，规范空间开发秩序，形成科学合理的空间开发结构。

优化国土空间开发格局事关生态文明建设的基础。我国总体上资源环境压力较大、区域差别显著，又处于工业化和城镇化快速推进阶段，国土空间开发的强度和频度较大、敏感性和脆弱性较强、优化调整的成本较高、周期较长。国土空间开发格局作为人口、产业和城镇布局发展的基本架构，不仅对工业化和城镇化的顺利推进意义重大，对生态文明建设也具有重要作用。优化国土空间开发格局需要开发和保护并重，既包括合理有序的开发，也包括主动持续的保护。开发性空间主要指生产空间和生活空间，保护性空间主要指生态空间。优化国土空间开发格局就是要结合我国基本国情，科学合理地确定各类空间的规模、结构和布局，发挥对于各类空间开发的引导性和约束性。同时，优化国土空间开发格局必然要求统筹开发城乡空间、海陆空间和地上地下空间。我国实施的新型城镇化战略坚持集约高效的共性原则，对开发城市空间和乡村空间提出了不同的路径。我国全面建成小康社会目标的实现迫切需要地下能源矿产资源的供给保障，城市建设也对地下空间开发利用带来新的需求。只有统筹开发城乡、海陆、地上地下空间，才能确保国土空间的合理有序和集约高效开发。

1.要树立大国土理念，坚持陆海统筹发展

我国当前陆地与海洋开发不同步、不衔接，海岸带和近岸海域开发密度高、强度大，港口建设等海岸线开发和海域使用缺乏统筹，工业发展和城镇建设围填海规模增长较快，布局散乱。局部地区陆域开发与海洋资源环境承载能力不相适应，近岸海域生态环境明显恶化。同时，沿边、沿海地区长期以来是保卫国家安全、防卫外来侵略的前沿区域，国土空间开发和经济发展定位不够明确，经济、社会发展建设强度不一。在21世纪仍以“和平与发展”为主题的世界潮流和形势下，我国应依托沿边和沿海地区优化国土空间开发利用结构。

中国是海洋大国，保护海洋、经略海洋不仅涉及我国发展空间，也涉及国家战略安全，因此，国土空间开发利用中必须充分认识海洋作为国土开发新空间、后备资源基地、便捷运输通道和安全屏障的重要作用。要确定和守住不再破坏生态平衡、不再影响生态功能、不再改变基本属性、已受损的生态系统不再退化的“四不”开发底

线。沿海地区不能仅向海洋索取，更要加强海洋生态环境保护。要实施最严格的围填海管理和控制政策，对已遭到破坏的海洋区域进行生态整治和修复，努力使海洋生态环境逐步得到改善。

要依托海洋优势实施陆海统筹，将沿海发展的区域范围向西纵深推进，促进产业自东向西梯度转移，构建从发展定位、产业布局、资源开发、环境保护和防灾减灾等方面衔接协调的陆海统筹发展格局，全面提升海洋国土和沿海地带的开发利用水平。同时，将沿边地区发展为以经济发展为纽带的兴边睦邻、体现国家综合实力、发挥国家经济活力的重要区域，在与相邻国家共同推动经济全球化过程中，构建包括对外开放"门户城市""中继通道城市""边境窗口城市"在内的城市集群和地区，形成多个开发、开放的区域经济中心，成为开放国土和保卫国土不可或缺的重要组成部分。

充分发挥海洋国土作为经济空间、战略通道、资源基地、环境本底和国防屏障的重要作用，从发展定位、产业布局、资源开发、环境保护和防灾减灾等方面构建协同共治、良性互动的陆海开发格局，促进陆域国土纵深开发和海洋强国建设。

2. 以基本公共服务均等化促进区域协调发展

要树立均衡发展理念，坚持国土开发与资源环境承载能力相匹配，坚持以重点开发促进面上保护，加快构建多中心、网络型国土开发格局，通过实施点轴集聚式开发，辐射带动区域发展；通过扶持落后地区开发，提升自我发展能力，缩小区域差距；通过推进公益性基础设施和环境保护设施建设，促进基本公共服务均等化。

目前，我国区域发展水平差距较大并呈继续扩大趋势。1978—2010年，东、中、西部地区国内生产总值占全国的比例由52 ∶ 31 ∶ 17变为59 ∶ 27 ∶ 14；2000—2010年，城乡居民收入比仍由2.8 ∶ 1扩大为3.23 ∶ 1。区域之间、城乡之间在公共设施、义务教育、医疗卫生、社会保障、公共就业服务等方面存在显著差异。因此，在提升国土空间集聚水平的同时，明确途径和方法，采取有效措施，逐步改善国土均衡发展水平。对此，今后应主要从三个方面提升均衡水平：一是加大点轴开发力度，提升重点地区水平和统筹转移能力，增加东、中部点轴布局密度，带动辐射区域共同发展。同时，发挥海洋优势和东西轴向经济通道作用，加强长江、陇海线等横向发展轴带沿线的经济联系，纵深拓宽沿海经济带，使东中部逐步均衡。二是加大特殊区域的重点扶持力度，如专项推动扶贫攻坚区域、少数民族地区、老区苏区发展，缩小与先发地区的差距。三是加大基本公共服务供给力度、提高均等化水平，实现公共服务均等化，促进全国均衡发展。

3. 大力提高城镇化集约智能绿色低碳水平

要树立城乡发展一体化理念，坚持走中国特色城镇化发展道路，优化发展和重点培育城市群，促进大中小城市和小城镇协调发展，增强城镇吸纳人口能力；以城乡土地市场一体化建设为龙头，促进城乡要素平等交换和公共资源均衡配置，带动城乡基础设施、产业发展、就业保障、环境保护一体化建设，实现以城带乡、城乡共荣。

城镇化蕴含着巨大的需求潜力，只要规划好、布局好、建设好，就可以有效促进集约开发、均衡协调发展。但城镇也是消耗能源资源、排放温室气体的主体，未来中国将有一亿以上的农村人口逐步定居城镇，能源资源保障和生态环境保护压力很大。因此，从编制规划到建设管理的全过程、各方面，都要融入生态文明理念，积极推广绿色建筑标准、设计、建设，大力发展绿色交通，注意适当添绿留白，同时实施严格的用地、用水、用能节约管理，加强环境污染防治。

4. 加快形成有利于生态文明建设的现代产业体系

从源头上缓解经济增长与资源环境之间的矛盾，必须抓好转方式、调结构、促转型，加快形成有利于生态文明建设的现代产业体系。要树立产业协调发展理念，坚持工业化、信息化、城镇化、农业现代化同步发展，依托区域资源优势优化基地布局，促进基础产业发展；推进各类园区集约、集中、集聚建设，支持战略性新兴产业、先进制造业、现代服务业健康发展；加大高标准基本农田和粮食生产优势区建设力度，增强粮食综合生产能力。

一是下大决心化解产能过剩。要严控增量，各级政府和主管部门必须按中央要求，严禁核准产能严重过剩行业新增产能项目，违规项目尚未开工建设的不准开工，正在建设的项目一律停工。要逐步消化存量，有压减的指标和时间表，按照尊重规律、分业施策、多管齐下、标本兼治的原则，消化一批，转移一批，整合一批，淘汰一批，充分发挥市场机制作用和政府引导作用，逐步化解产能过剩矛盾。

二是充分发挥科技创新对生态文明建设的支撑作用。科技创新具有特别重要的意义，要坚持实施创新驱动发展战略，推动中国经济发展更多依靠科技进步、劳动者素质提高和管理创新，减轻对生态环境的压力。积极运用高技术对农业、工业、服务业进行生态化改造，通过清洁生产实现资源节约、环境保护。加大技术研发力度，努力攻克大气污染控制、水体污染治理、废弃物资源化利用等关键技术，支撑生态文明建设，培育产业竞争新优势。

5. 以体制机制创新促进国土空间开发格局优化

优化国土空间开发格局，需要做好顶层设计和总体规划，也需要制度保障和机制推动。

第一，实施土地差别化管理。优化国土空间开发格局必须发挥土地制度政策的基础性和根本性作用，建立差别化的土地管控体系。要综合运用土地规划、用地标准、地价等制度政策工具，加强土地政策与财政、产业政策的协调配合，促进开发布局优化和资源节约集约利用。要发挥土地利用计划的调控和引导作用，重点支持欠发达地区、战略性新兴产业、国家重大基础设施建设用地，重点保障“三农”、民生工程、社会事业发展等用地。

第二，推进土地管理制度改革创新。近年来，各地着力推进土地管理制度改革创新，在促进节约用地、保护耕地的同时，通过调整区域城乡用地结构和布局、拓展建设用地新空间，有力地支持了产业结构调整、城乡统筹和区域协调发展。例如，将农村土地整治与城乡建设用地增减挂钩相结合，不仅促进了耕地保护和节约用地，而且通过以工补农、以城带乡，促进了“三农”发展，并为城镇、工业发展提供了必要用地。又如，开展低丘缓坡土地开发，不仅有利于保护优质耕地，而且有利于破解土地瓶颈制约，推进城镇化健康发展和区域协调发展。再如，开展城镇低效用地再开发，不仅有力推动了城镇节约、集约用地，而且在推进产业转型升级、带动投资和消费需求增长、改善城市基础设施和环境等方面都发挥着重要作用，等等。适应生态文明建设的新任务、新要求，必须进一步推进土地管理制度改革创新，坚决破除妨碍节约和合理用地的思想观念和制度、机制弊端。要在总结提升实践经验的基础上，全面推进农村土地整治和城乡建设用地增减挂钩、低丘缓坡和未利用土地开发、城镇低效建设用地再开发、工矿废弃地复垦利用等各项改革探索，着力打造节约和合理用地的制度平台，以尽可能少占地特别是少占耕地支撑更大规模的经济发展，促进国土空间开发格局的优化，在建设美丽中国、实现中华民族永续发展中发挥基础和先导作用。

（三）建立有利于生态文明建设的财政金融激励机制

环境保护是典型的公共产品，具有很强的“外部性”特征。作为环境保护具体形式的生态文明建设，是一个积极探索资源节约型、环境友好型发展的过程。那么，生态文明作为其成果，也直接表现出典型的公共产品属性，即效用的不可分割性、消费的非竞争性和受益的非排他性。生态文明的公共产品属性决定了生态文明建设是市场机制自身难以进行的，需要政府制定法规强制社会、企业和个人对环境进行保护，利用经济手段诱导经济主体对污染进行治理，其中政府财政资金的投入在环境保护中起着主导作用。因此，在生态文明建设中，建立和完善与之相应的财政政策、税收政策、金融政策，对推进生态文明建设进程起着决定性作用。

1.探索有利于绿色发展和生态文明建设的财政政策

生态文明建设的成效如何一定程度上就取决于资金投入的多少。政府是生态文明建设中最重要的投入主体，各级政府要在环保等领域加大投资力度，把环保基础设施建设、生态文明管理能力建设纳入财政预算，不断提高财政支持额度，确保节能环保、循环经济、生态修复等方面的财政资金保障。统筹整合现有节能减排专项资金、可再生能源专项资金等，形成合力。一是财政补贴必须兼顾生产与消费。在加大对发展循环经济，推进清洁生产、节能减排、节地节水项目和企业的政策扶持的同时，采用绿色补贴方式推广节能产品，扩大绿色产品消费的补贴政策。二是完善政府采购制度。继续扩大政府绿色采购的范围和比重。绿色节能产品要优先列入政府采购目录，各级政府应优先采购列入国家“环境标志产品政府采购清单”和“节能产品政府采购清单”的产品。三是建立对生态区居民的直接补贴政策。完善财政对农产品主产区、重点生态功能区的一般性转移支付制度。增强这些地区基层政府实施公共管理、提供基本公共服务和落实各项民生政策的能力。

生态文明建设必须切实实施好主体功能区划，抓紧在主体功能区之间以实行基本公共服务均等化为导向，体现公平正义的生态补偿政策，调整利益相关者的利益分配关系。一是完善财政转移支付。按照“谁保护，谁受益”“谁改善，谁得益”“谁贡献大，谁多得益”原则，加大生态环保财力转移支付力度，保障限制和禁止开发区居民能享受均等化的基本公共服务，提高各地保护生态的积极性。积极探索建立地区间横向转移支付机制，生态环境受益地区应采取资金补助、定向援助、对口支援等多种形式，对重点生态功能区因加强生态环境保护造成的利益损失进行补偿。通过国家纵向和区域横向的“双向转移支付”，健全区域利益补偿和分享机制。二是实施国家生态专项补助政策。建立重点生态功能保护区和自然保护区财政专项补助政策。完善对省级以上自然保护区、海洋自然保护区的财政专项补助政策，调动各方参与生态建设的积极性。参照国际标准，矿产资源补偿费以及探矿权、采矿权使用费及价款收入，进一步向矿山生态环境治理和修复倾斜。三是探索建立饮用水源保护区生态补偿机制，完善跨界河流水质水量目标考核与生态补偿办法，逐步建立下游地区对上游地区的补偿机制，提高源头地区保护水源的积极性和受益水平。

要通过制定有利于生态文明发展的优惠政策，加强对银行等金融机构的引导，强化环保和金融系统的部门合作和信息共享，对符合生态文明政策要求的产业予以信贷支持，而对生态文明有损害的企业贷款应从严管理，逐步建立起抑制重污染项目和鼓励清洁项目的信贷机制。引导、组织多种资金多形式、多渠道投入生态文明建设。要及时公布生态文明建设具体规划、生态保护投资治理工程、环保技术需求等，引导企业增加对生态文明建设的投入。鼓励企业实行清洁生产、绿色生产。避免中西部地区在承接东部产业转移的过程中，将污染物排放强的企业异地转移，现有企业在新增生产线时也应避免导致产生污染。

"中央政府应加快完善立法、改革财税体制和行政考核体系，丰富对地方政府的监管和激励手段，为促进低碳生态城市发展模式的创新和实践营造良好的制度环境。"要尽快出台转移支付立法，通过对地方政府的财政激励引导地方政府加大生态文明建设的力度，在中央政府的约束下，出台相关措施，对地方政府的生态低碳建设的创新和探索予以财政支持。

2.完善"定位精准"的税收政策

我国煤、电、水等主要能源资源定价不合理，税收政策对生态文明建设的支持力度不够。因此，一是加快资源税改革。调整计征办法，尽快由"从量计征"改为"从价计征"。提高煤炭、原油、天然气等资源税税额标准，提高稀缺性资源、高能耗、高污染矿产品的资源税税率，理顺能源产品的价格形成机制，并逐步将水、森林、草场资源等稀缺性、易受破坏的自然资源纳入税征收范围。二是加快环境税改革。目前我国缺乏直接针对环境污染和生态破坏所征收的独立环境税种，研究开征适用于各类主体功能区的环境税迫在眉睫。三是加快完善既有税收政策。加大对节能节水环保设备和产品研发费用的税前抵扣，出台对相关企业实行一定的增值税、所得税减免优惠政策。将不符合节能技术标准的高能耗产品、资源消耗品纳入消费税征收范围，对符合节能标准的产品给予一定程度的消费税优惠，增强其环保效果。全面推行"营改增"改革。调整抑制"两高"产品出口的税收政策。

3.创新"绿色为本"的金融政策

应注重发挥金融政策在生态文明建设中的杠杆作用，引导社会各方共同发挥"正能量"。鼓励金融机构加大对清洁生产企业的信贷支持。加强对限制性产业的贷款审批制度，提高高耗能、高排放项目信贷门槛。推行知识产权质押融资等新模式，鼓励政策性信贷资金向生态环保建设倾斜。积极争取国际金融组织的绿色信贷支持。对环保产业和其他产业实行差别化的利率政策。完善生态环保建设信用担保体系，建立高环境风险企业保证金制度。完善绿色保险服务，推进实施巨灾保险、环境污染责任保险等政策。鼓励和支持有条件的清洁生产先进企业通过上市、发行债券等资本运作方式筹措发展资金，鼓励和支持上市公司通过增发、股权再融资等方式筹措资金用于节能减排。鼓励多渠道建立生态产业发展基金，拓宽直接融资渠道，吸引各类社会资本助推生态产业发展。

（四）促进绿色、低碳消费，形成生态文明建设的良好社会氛围

倡导生态文明行为，引导绿色新生活。生态文明建设需要全社会共同努力，良好的生态环境也为全社会所共享。必须加强宣传教育，引导全社会树立生态理念、生态道德，构建文明、节约、绿色、低碳的消费模式和生活方式，把生态文明建设牢固建立在公众思想自觉、行动自觉的基础之上，形成生态文明建设人人有责、生态文明规定人人遵守的良好风尚。

倡导生态消费理念，提高公民生态意识。面对资源约束趋紧、环境污染严重、生态系统退化等严峻形势，人们必须树立尊重自然、顺应自然、保护自然的生态文明理念。理念是行动的指南，意识是行动的先导。倡导生态消费理念才能引导生态消费，提高全民生态意识才能养成生态行为。所谓生态消费是指消费水平是以自然生态正常演化为限度，消费方式和内容符合生态系统的要求，有利于环境保护，有助于消费者健康的一种自觉调控、规模适度的消费模式。生态消费有一个显著特点：消费品自原材料生产至使用后都要达到"环境友好"的要求，包括消费品本身、生产工艺、生产废弃物、消费品使用残存物都具有循环可利用效能。所谓生态意识是指人类通过对生态问题的认识与把握，理解生态原则并能对自身行为加以引导，由此形成关于生态的基本理念，是一种反映人与自然环境和谐发展的新价值观。公民生态意识教育是生态文明建设的基础和内在要求。养成生态消费理念和形成生态意识，有利于资源节约和环境保护，自觉养成健康、科学的消费行为，形成适度消费、合理消费。因此，倡导生态消费理念，提高全民生态意识，是我国生态文明建设的有效途径。

第一，加强生态消费理念宣传力度，普及生态意识。首先，弘扬中国传统生态文化。如，"天人同体"——人与自然的和谐观，"万物齐一"——生态平等观，"物无贵贱"——生态价值观，"知止不殆"——适度发展观，"知足不辱"——适度消费观，等等。其次，宣传国外优秀生态文化。例如，《寂静的春天》——"绿色圣经"，《增长的极限》——"绿色生态运动圣经"，《我们共同的未来》——"可持续发展圣经"，《人类环境宣言》——"生态环境保护圣经"，等等。最后，政府、企业和学校应通过各种途径加强对生态消费理念的宣传，开展宣传教育活动，使广大消费者充分认识生态消费的必要性，自觉养成生态消费观。

第二，转变消费理念，树立正确的生态价值观。推进生态文明建设，必须改变不

合理的消费方式。工业文明产生以来，人类被利益冲昏了头脑，导致生态失衡，在人类中心主义价值观的引导下产生了不合理的消费理念。“人与自然的和谐”是生态文明的价值观。而生态价值观的建立是在人、社会、自然和谐统一的基础上，融入了环境保护意识、可持续发展理念。因此，只有转变人类的不合理消费理念、树立生态价值观，才能帮助人类养成善待自然的良好习惯。当前，要积极倡导绿色生活方式，引导居民合理适度消费，鼓励购买绿色低碳产品，使用环保可循环利用产品，深入开展反食品浪费等行动。制订并实施与生态文明和绿色发展相适应的可持续消费战略和行动计划，全方位开展生态文明单位建设活动；完善政府采购，引导消费方式变革；规范绿色产品标准，畅通流通渠道，引导消费风尚；倡导全民简约适度、绿色低碳、文明健康的生活新方式，使节约光荣、浪费可耻的社会氛围更加浓厚。

第三，提高生态责任意识，促成生态行为养成。政府、企业和学校应通过各种途径促进公众生态意识养成，使其具备生态责任意识。首先，实现生态意识和生态行为的“知弱行弱”向“知强行弱”转变，然后，促进“知强行弱”向“知强行强”的转变。“知强行强”是生态文明意识和行为的终极目标，实现这个终极目标是一个漫长的过程，不仅需要政策与教育的引导，更需要人类自发地进行生态行为的实践。只有将生态责任意识和生态行为教育一代代传递下去，才能实现中华民族永续发展的美好蓝图。

二、形成资源节约和社会友好的新机制

（一）加强资源节约，转变资源利用方式

节约资源是保护生态环境的根本之策。必须在全社会、全领域、全过程都加强节约，采取有力措施大幅降低能源、水、土地等资源消耗强度，努力用合理的资源消耗支撑经济社会发展。与发达国家相比，我国的水、土地、能源和矿产资源综合利用效率较低，粗放浪费现象较为普遍。目前，我国单位 GDP 的资源能源消耗远高于发达国家，甚至高于印度等发展中国家。矿产资源总回收率和共伴生矿产资源综合利用率分别在 30% 和 35% 左右，比发达国家低约 20 个百分点；单位 GDP 能耗是发达国家的 3 ～ 4 倍。2010 年，我国人均城镇工矿用地已达 142 平方米，高于世界很多国家，特别是国土开发空间条件与我国类似的东亚国家和地区；人均农村居民点用地达 276 平方米，远超 150 平方米的国标上限。国土空间开发利用要坚持节约优先、保护优先、自然恢复为主的方针，以尊重、顺应和保护自然为前提，加大资源节约集约利用、生态建设和环境保护力度，形成有利于节约资源和保护环境的产业结构、生产方

式、生活方式，从源头上扭转资源紧缺和生态环境恶化的趋势，增强国土可持续发展能力。

1.切实转变资源管理观念

一要由外延粗放利用资源向内涵集约利用资源转变。通过编制规划、制订计划，对资源的利用结构和布局进行优化；通过供需双向调节，以资源利用结构调整推动产业结构、需求结构、要素投入结构的全方位调整；通过实行差别化管理，制订差别化的资源供应政策，促进资源节约和优化配置。二要由偏重资源的数量管理向数量、质量、生态综合管理转变。这就要完善资源管理的考评监管体系，加强对矿产资源综合利用、基本农田质量建设、农村土地整治、矿山环境恢复治理和地质灾害防治等方面的考核监督，协调资源开发利用和生态保护建设。三要由单纯的资源管理向资源、资产、资本三位一体管理转变。这就要求建立资源实物形态、要素形态与价值形态相结合的综合管理模式，推进建立健全城乡统一的土地市场，和统一、竞争、开放、有序的矿业权市场。

2.大力推进资源节约集约利用

推进土地节约集约利用。我国人均耕地资源严重不足，必须按照控制总量、严控增量、盘活存量的原则，推进土地节约集约利用。要坚持最严格的耕地保护制度，严守18亿亩耕地红线和粮食安全底线。科学确定新增建设用地规模、结构和时序，健全用地标准，从严控制各类建设用地。进一步盘活存量建设用地，加大力度清理闲置土地。加强用地节地责任考核，切实做到节约每一寸土地。一是大力推广应用先进节地技术和先进地区土地集约利用的经验，进一步加强对土地节约集约利用的引导，同时加强对节约集约用地情况的调查清理。二是通过调整土地利用总体规划和年度计划管理土地供应的总量、布局、结构和时序，要控制总量、增加流量、盘活存量，加强规划计划调控，促进土地节约集约利用。三是完善土地利用标准控制和评价考核体系，健全节约集约用地的约束机制。四是发挥市场在土地资源配置中的基础性作用，健全节约集约用地的利益机制，完善国有土地有偿使用制度改革和房地产用地有偿使用方式。五是加快综合监管平台建设，健全节约集约用地的监管机制。

推进矿产资源节约与综合利用。要建立健全覆盖勘探开发、选矿冶炼、废弃尾矿利用全过程的激励约束机制，引导所有环节的生产企业自觉节约利用各种资源，进一步提高开采回采率、选矿回收率、综合利用率，提高废弃物的资源化水平。一要利用好矿产资源节约与综合利用专项，通过示范工程和“以奖代补”工作支持和激励矿山企业提高矿产资源节约与综合利用水平，同时摸清我国矿山企业的资源综合利用现状，建立数据库。二要进一步完善采矿回采率、选矿回收率、综合利用率等经济指标体系，加强对矿山企业“三率”的考核，鼓励贫富兼采、综合回收、拉长产业链、发展循环经济，促进资源利用方式由粗放型向集约型转变。

推进水资源节约利用。利用率低、浪费严重是我国水资源紧张的重要原因。要实施最严格的水资源管理制度，严把水资源开发利用控制、用水效率控制、水功能区限制纳污“三条红线”，加快建设节水型社会。大力发展节水农业，着力提高工业用水效率，重点推进高用水行业节水技术改造，加强城市节水工作。积极推进污水资源化处理，提高再生水利用水平。同时继续发展海水淡化和利用。

此外，要狠抓节能减排、降低消耗。做好节能减排工作要抓主要领域，盯重点企业，实施重大工程。要加快完善重点行业、重点产品能效标准和污染物排放标准，推行能效领跑者制度，切实把能效提上去，把排放降下来。深入推进万家企业节能低碳行动和重点污染源治理行动，继续推进节能改造、节能技术产业化示范、城镇污水垃圾处理设施及配套管网建设等节能减排重点工程。

3. 完善国土资源宏观调控机制

应完善土地资源宏观调控机制。一是科学调控土地供应总量，促进经济平稳较快发展。既要保障经济社会发展基本的用地需求，又要根据宏观经济运行态势及时调整用地投放规模。二是优化用地结构，促进经济发展方式转变。通过控制建设用地总量，盘活和利用存量土地，不断提高单位土地的投入与产出水平；通过对基础设施用地、廉租房和经济适用房用地等有禁有限、有保有控的供地政策推进产业结构调整；通过区域差别化的供地结构促进区域经济协调发展。三是推进土地市场建设，提高资源配置效率，提高土地要素与资本、劳动力等要素的契合度。四是运用行政、法律手段制定与当前财政、货币、产业等相关政策相协调配套的土地政策，强化土地宏观调控作用。五是编制与国民经济发展规划相适应的土地利用规划，促进发展方式转变。六是严格执法监管，保障宏观调控外部环境。

完善矿产资源宏观调控机制。一是编制和实施与国民经济发展规划相适应的矿产资源规划和地质勘查规划，调控矿产资源供应总量与矿产资源开发布局。二是通过编制矿业权设置方案对探矿权和采矿权进行有序投放，直接调控矿产资源勘查开采活动，优化矿产资源开发结构布局。三是通过合理调整“两权费”、资源税、矿产资源补偿费、增值税、矿山环境保证金等资源税费，以及利用贷款、贴息、基金等财政金融手段，调控矿产勘查开发活动。四是通过资源调查评价和信息服务的方式，结合国民经济发展及长远规划，披露重要矿产信息或预警、预报，引导矿业投资。五是通过行政和政策法规手段对某特定矿种或某特定区域的矿产勘查开发进行鼓励或限制。

4. 着力提高资源保障能力

一是严守耕地红线，提高粮食安全保障。要坚持最严格的耕地保护制度，严格落实耕地保护目标管理责任制，从严控制非农建设占用耕地，严格履行先补后占、占补平衡的法定义务，确保耕地总量不减少、质量有提升。要按照“积极稳妥推进农村土地整治”的要求，高效率、高质量实施基本农田建设重大工程。二是加强地质工作，提高矿产资源保障能力。要全面推进地质找矿新机制，深化基础地质调查评价，实施地质矿产保障工程。大力开展老矿山深部和外围找矿，加大力度实施海洋地质保障工程。全面实施矿产资源规划，维护良好的开发秩序，继续推进矿产资源开发整合，大力整顿规范地质勘查秩序。三是加强地质灾害防治，加强对人民群众生命财产的安全保障。要把地质灾害防治纳入经济社会发展总体部署，加大地质灾害防治力度，实施地质灾害防治重大工程。结合全国山洪地质灾害防治专项规划的实施，开展重点防治区地质灾害详细调查评价体系、监测体系、防治体系和应急体系建设，加强地质灾害易发区的危险性评估。

（二）加强污染治理，提高生态环境质量和水平

当前，大气、水和土壤等突出的污染问题已经到了刻不容缓的地步，要研究制定应对气候变化法、节水法、绿色消费促进法及节能评估和审查条例，修订环境保护法、循环经济促进法等，同时要及时清理与生态文明建设相冲突的法规，增强可操作性。对此，必须重点突出，重拳出击，重典治污，力求实效。

一是坚决治理大气污染。党中央、国务院把加强大气污染防治作为改善民生的重要着力点，作为建设生态文明的具体行动，及时研究出台了《大气污染防治行动计划》，明确提出经过五年努力，全国空气质量总体改善，重污染天气较大幅度减少；京津冀、长三角、珠三角等区域空气质量明显好转。力争再用五年或更长时间，逐步消除重污染天气，全国空气质量明显改善。京津冀及周边地区是全国大气污染防治的重中之重，国务院专门部署这一区域大气污染防治工作，提出的治理措施更严、政策力度更大、目标设置更高，并与六个省区市政府签订了大气污染防治目标责任书。各地区、各部门要认真贯彻中央重要决策部署，积极落实各项政策措施，把环境治理同经济结构调整结合起来，同创新驱动发展结合起来，突出抓好重污染城市治理、能源结构调整、机动车污染减排、高污染行业及重点企业治理、冬季采暖期污染管控等重点工作，努力走出一条以治理污染促进科学发展、转型升级、民生改善，环境效益、经济效益和社会效益“多赢”的新路子。要密切跟踪《大气污染防治行动计划》执行情况，督促各地落实目标责任，明确时间表和路线图，全力以赴打好这场攻坚战和持久战。当前有关部门和地区要加强协调联动，特别是北方地区要做好应对冬季极端污染天气的工作，保护人民群众的身体健康。总之，我们要下大决心，尽最大努力，狠抓落实，让人民群众看到变化、见到成效。

二是大力治理水污染。我国不仅存在资源型缺水、工程型缺水，而且污染型缺水也较严重。要加强饮用水保护，全面排查饮用水水源地保护区、准保护区及上游地区的污染源，强力推进水源地环境整治和恢复，不断改善饮用水水质。要积极修复地下水，划定地下水污染治理区、防控区和一般保护区，强化源头治理、末端修复。大力治理地表水，进一步提高生活污水的处理能力和工业污水的排放标准，对企业污水超标排放“零容忍”，继续加强对重点水域、重点流域综合治理。

三是加紧治理土壤污染。土壤是食品安全的第一道防线。要着力控制污染源，严格执行高毒、高残留农药使用的管理规定，在抓好现有重污染企业达标排放的同时，对土壤环境保护优先区域实行更加严格的环境准入标准，禁止新建有色金属、化工医药、铅蓄电池制造等项目。要强化重点区域土壤污染治理，搞好土壤污染环境风险管理，经评估认定对人体健康有影响的污染地块要及时治理，防止污染扩散。调整严重污染耕地用途，有序实现耕地休养生息。

四是切实保护生态系统。良好美丽、功能强大的自然生态系统是生态文明的重要标志。要在重要生态功能区、陆地和海洋生态环境敏感区、脆弱区划定并严守生态红线，下决心退出一部分人口和产业，降低经济活动强度。要大力构建以青藏高原生态屏障、黄土高原—川滇生态屏障、东北森林带、北方防沙带和南方丘陵山地带为主体的“两屏三带”生态安全屏障，稳定和扩大退耕还林、退牧还草范围，继续实施天然林保护以及荒漠化、石漠化和水土流失综合治理等工程，逐步恢复生态系统。加强防灾减灾体系建设，最大限度减轻自然灾害造成的损失。

五是积极应对气候变化。中国已经向世界承诺，到 2020 年，单位国内生产总值二氧化碳排放比 2005 年下降 40% ～ 45%，非化石能源占一次能源消费的比重超过 15%，森林面积比 2005 年增加 4000 万公顷，森林蓄积量比 2005 年增加 13 亿立方米。我们必须抓紧研究国家应对气候变化的长远规划，狠抓任务落实，确保如期兑现承诺。同时，要坚持共同但有区别的责任原则、公平原则、各自能力原则，积极参与推动建立公平合理的应对气候变化国际制度。

三、建立和完善公众参与机制

（一）建立公众参与制度的必要性

生态文明建设事关百姓的美丽生态和生活品质的提高。公众既是生态文明的建设者，也是生态文明建设的受益者。生态文明建设需要建立一个政府主导、市场推进、公众参与的新机制。随着生态环境的恶化，生物资源的锐减和枯竭，人类生存环境的改变，人们开始意识到，对生态环境和生存空间的保护以及生态文明的建设不仅是国家、政府和企业的责任，也是每个人的责任。同时建设生态文明也是一份权利，公众有权了解事关生态环境的重大决策的全过程，有权对破坏生态环境的行为提出异议甚至控告，更有权直接参加生态文明建设。潘岳同志曾在"绿色中国—环保公益日"活动中指出：解决中国严峻环境问题的最终动力来自公众。社会历史也表明公众是推动社会发展的动力。公众对生态环境的监督最直接、最有效。对此，要主动及时公开环境信息，提高透明度，更好落实广大人民群众的知情权、监督权，积极发挥新闻媒体和民间组织作用，自觉接受舆论和社会监督。在生态文明制度建设中，公众参与制度的建立也具有十分重要的意义。

一是有利于对生态环境的监管，公众参与能有效提高对环境违法行为的威慑力，强化对生态环境的法治化管理，监督环境违法者从而减少消除破坏生态环境行为，提高生态文明制度的执行能力。将公民的生态环境权明确地确立在法律中，可加大公众对政府相关部门在生态环境保护方面的工作监督力度，有助于生态环境事件的公平、公正解决，提高有关部门的生态环境执法水平。

二是有利于完善科学决策体系，提高建设生态文明制度的正确性。公众的参与有助于相关部门的生态环境政策制定与决策过程中各种利益的协调，提高生态环境决策的正确性，同时还有助于生态环境监管部门及时了解、获取各种相关生态环境信息，便于及时准确地制止、处罚生态环境违法行为。

三是有利于形成道德文化环境，提高全社会的生态文明自觉行动能力。公众参与制度的确立有助于培育公众的现代环境公益意识和环境权利意识，并逐步形成人人参与生态文明建设的社会主流风气。"让公众参与环境决策和环境纠纷解决等工作全过程，从而将体制外的冲突纳入体制内予以消解，这正是公众参与原则的价值所在。"因此，在建立系统完整的生态文明制度体系、用制度保护生态环境实现美丽中国愿景的进程中，必须大力推进公众参与制度，依法保障公众的生态环境参与权，推动公众依法参与生态环境保护事业。

（二）完善公众参与制度，推进生态文明制度建设

生态环境问题已经成为人类共同的问题，生态环境保护公众参与制度已经成为国际社会公认的一项环境基本原则。随着中国国际地位的不断提高、民主政治的不断发展，对于公众参与制度的推行和完善已经势在必行。我们应借鉴国外的先进经验，结合国内的实际情况，不断完善生态文明制度体系，宣传生态文化理念，实施生态文明激励措施，创新公众参与的组织形式和技术方法，充分发挥民间组织（NGO）等第三方的促进作用以不断创新公众参与形式，完善公众参与制度，推进生态文明制度建设。

1.加强生态文明引导，建立公众参与制度的保障机制

随着生态文明理念的提出与普及，公众生态环保意识的提高，从整体上看公众参与的方式将会越来越规范地出现在各项法规及规章中，但国内的现状是，促进公众参与仅仅体现在一些单项法规和政府规章中，这些法规的实施领域和侧重点不尽相同，尚未形成一个真正完善的、制度化的公众参与生态环境事务决策的机制。在已经颁布的一些专项法规中既没有明确规定环境权是公民的基本人权，也没有关于环境参与权的明确规定。在中国的环境相关法律法规中公众参与生态环境保护的方式包括检举权、控告权等，但未规定如果检举控告之后，行政机关不履行职责，公民还有什么权利，对保护公众参与的积极性没有做出相应的规定。因此国家相关机构应在借鉴国际先进的管理体制基础上出台相关规定，完善相应的法律法规，鼓励公众积极行使建设生态文明的参与权利，引导公众参与生态文明制度的建立并推动其有效实施。另外应给相关法律法规赋予更加强有力的生命力，推动深化实践。国家相关机构应对生态文明相关领域的公众参与状况进行政策引导和监督管理，以实现公众参与生态文明建设的目的和价值。同时不断完善公众参与的手段，推动公众参与平台的建立，加大生态文明相关信息的透明度和公信力，使公众能够及时获取相关信息。

2.强化生态文化教育，提高公众参与意识

生态文化思想在中国虽然早已存在，但对生态文化概念的认识仍然存在很多误区，完善的生态文化体系尚未形成。例如，在生态文明重要领域之一的循环经济领域，有相当部分的专家学者及行政人员想当然地认为循环经济就是对废弃物的再生利用，而不是将资源和环保两个因素进行综合考量。由于认识层面的误区，导致许多地区的循环经济实践路径错误，走了弯路。生态文明作为一种全新的人的基本生态环境权，很难在较短的时间内为公众熟知、利用。同时公众的生态文明参与意识的形成和发展也需要一个过程，过程的长短与生态文明的相关文化宣传教育的开展情况密切相

关。特别是校园的教育尤其不可忽视，从小学到大学都应开展生态文明的相关文化教育，提高公众的生态文明参与意识。同时在社会上大力开展多形式的宣传活动，如在新闻媒体上设立公众参与栏目和趣味节目，组织开展生态文明相关问题的讨论，吸引公众积极参与，鼓励公众为生态文明制度的形成与建立献计献策，编制便民手册等，指导公众更多地了解生态文明相关知识，并了解参与的重要性及参与途径。应组织新闻媒体进行广泛、深入、持续的宣传教育，使参与生态文明建设的理念融入公众的日常生活。通过生态文明相关制度的建立来提升全民资源忧患意识和节约资源、保护环境的责任意识。

3. 实施政策激励，积极推动生态文明制度建设

建设生态文明，是关系人民福祉、关乎民族未来的长远大计。面对资源约束趋紧、环境污染严重、生态系统退化的严峻形势，必须树立尊重自然、顺应自然、保护自然的生态文明理念，把生态文明建设放在突出地位，融入经济建设、政治建设、文化建设、社会建设各方面和全过程，努力建设美丽中国，实现中华民族永续发展。因此既要注重发展的经济成果，也要注重生态环境效益。对于生产企业，只有在充分尊重企业的自主经营决策权，同时又不损害企业健康发展的前提下，生态文明公众参与制度才能被更多的企业所接受，从而发挥其主观能动性，积极依法规范化地开展公众参与活动，使公众有更多的机会行使自己的环境权和生态文明权利。可以对公众参与制度执行较好的企业进行表彰，以提高其参与生态文明建设的积极性，同时也可以将优秀的公众参与实例予以推广。例如，日本环境行动计划大奖（环境大臣奖）的设立就是为了激励企业积极引入公众参与机制，通过发布企业环境报告书的形式促进企业与公众之间的和谐、良好互动，在推动企业经济可持续发展的同时，促进企业与社会和谐共生。我国现行法律规定的公民行使公众参与权的范围较小，且多为命令服从性的规定，激励公众主动行使生态环境参与权的规定很少。此外，公众参与环境保护和生态文明建设的行为有时是会有一定社会风险的，因此应建立并不断完善制度，对那些积极参与、勇于承担风险者给予一定的精神和物质奖励。

4. 推动科技创新，健全公众参与服务体系

从农业文明到工业文明，无论文明发展的哪一个阶段，都离不开科技进步的推动和有力支持。同样，生态文明建设更离不开科技创新的有力支持，只有在技术上可行，同时在经济上具有合理性，公众参与制度才能发挥巨大的作用。在环保意识日益高涨的今天，许多企业也愿意让公众参与企业的生态环境保护工作和生态文明建设，给公众更多了解企业的机会，以求得公众对企业环境行为的认可，形成对企业产品的

共识，以占有更广阔的市场空间。近年来，一些企业通过发布企业环境报告书等形式，开展了有益的尝试。但是，由于公众参与方式不得当、参与效果不佳、参与成本过高等诸多原因而使许多企业不得不放弃主动开展企业环境信息公开这种有益的公众参与方式。因此，应在公众参与的方式方法和途径上进一步推动技术创新。如鼓励企业根据自身特点与社会需求，建立健全以技术服务为主要方式的技术创新体系和运行机制，寻找与公众的最佳契合点；建设企业为社会服务的技术创新体系，建立和完善技术创新服务平台，形成有效的企业与公众良好互动的参与运行机制，逐步健全面向全社会的开放式、网络化的公众参与技术服务平台。

5. 充分发挥第三方作用，推动生态文明健康发展

一方面，近年来的一些国内企业污染环境事件中，当事企业从自身利益出发，受某些因素的影响，不能全面、如实地公开对其有影响的环境信息；另一方面，以海尔集团等绿色企业为代表的国内有识之士每年主动发布企业的环境报告书，向社会公开企业的相关环境信息，引入公众参与机制和第三方认证等手段，推动了企业的绿色发展和生态文明，收到了良好的社会效果。因此，为了保障公众的知情权、参与权和监督权，环境管理、环境决策及生态文明建设的公众参与需要引入NGO等第三方力量，以确保其可信度和公平性。随着生态环境问题越来越趋向多元化和复杂化，特别是在一些问题比较突出的领域里第三方机构的活动尤为活跃和集中，它们往往发挥着政府和企业所没有或难以充分发挥的作用，推动着社会进步和生态环境的改善。在国内的许多城市，公众参与保护生态、防治环境污染，作为政府和非政府组织合作的一个重要机制正在悄然兴起，应充分发挥好这些非政府组织的作用，积极培育并切实推动生态文明的健康发展。

四、创新区域协作与国际交流合作机制

当前，生态环境问题已经不是一个局部性问题和暂时性问题，而是一个整体性、全局性和长期性问题。一个国家或一个地区政府在传统行政管理中往往存在不适应跨区域生态治理形势要求的诸多缺陷，要求生态文明建设不能采取各自为政的做法，必须突破“造福一方”和“守土有责”的狭隘视界，坚持“造福八方”和“合作守土”的区域生态共同体理念，进一步强化区域协作与国际交流合作治理，坚持全局性和整体性建设，通过深入的体制和机制创新，建立多元联动的跨区域生态合作治理机制。只有采取多元联动的跨区域生态合作治理行动，才能推动我国的生态文明建设不断取得实效。

生态环境具有整体性和公共性的特点。生态环境作为影响人类生存和发展的各种天然的和经过人工改造的自然因素的总和，包括大气、海洋、土地、矿藏、森林、草原、野生动物、自然遗迹等，从来都是作为跨区域而存在着的，由各个组成部分和要素以特定方式联系在一起的整体系统。整体性是人类与生态环境、自然资源之间最基本的关系。特别是空气和河流川流不息地进行跨国界与跨区域流动，其生态状况直接或间接地影响全球的生态状况和各区域的生态状况。由于生态环境是一个有机系统，各个地区的局部性的生态环境都与作为整体性而存在着的生态系统有着紧密联系，处于牵一发而动全身的相互影响和相互制约之中。因而，只有牢固确立生态区域共同体意识，将各个区域的生态环境状况放在作为整体性的生态环境系统中加以认识和实践，才能达到促进整体生态环境系统优化的目的。公共性是指生态环境是一种公共物品和公共资源。由于生态环境具有不可分割的特点，对于生态环境的产权特别是跨区域生态环境的产权更是难以界定，即使科学地界定也要付出极其高昂的成本。鉴于生态环境是公共物品和公共资源，再加上跨区域生态环境的产权不明晰、管理上的条块分割和政出多门，哈丁所揭示的“公地的悲剧”现象就不断上演。从全球角度看，温室效应、臭氧层稀薄、酸性降雨、荒漠化、生物多样性减少、海洋污染等现象都与人们对公共物品普遍缺乏公共理性和公共责任，以及缺乏跨区域、跨国界的生态合作治理行为有关。这些都充分说明，如果不强化跨区域生态合作治理的共同体意识，不创新跨区域生态合作治理机制，不采取跨区域生态合作治理方式，生态危机还会持续地严重下去，其后果将不堪设想。

（一）创新跨区域生态合作治理机制

1. 推进区域生态治理组织架构制度的创新

当前，在传统跨区域生态治理的组织架构上，对于分属于多个行政区域的生态功能地域，如海洋、高山、大江大河、沙漠、森林、草原等的生态治理，虽然设置了层次众多的组织机构，从表面上看实施了面面俱到的管理，但是，各个省市县采取的却是分散且重叠的生态管理方式，难以满足跨区域生态环境治理所需要的整体性、系统性、协调性的要求。跨区域的生态都处于互相关联的整体性关系之中，生态治理只有改变各自为政的做法，采取合作协同的方式，加强环境建设和生态治理中的统筹协调，才能取得成效。为此，建议国务院和生态环境部针对全国不同的生态功能区域，设置超越传统行政区划的生态综合治理管理机构，如长江三角洲生态治理委员会、珠江三角洲生态治理委员会等。针对一些跨区域的生态功能区，如长江、黄河、太湖、淮河等，设置长江生态治理委员会、黄河生态治理委员会、太湖生态治理委员会、淮河生态治理委员会等。这样有助于在生态治理中以联合体的力量和整体协调发展的思维，打破条块分割和壁垒森严的地方行政体制，制定统一或者互通的区域性生态政策与中长期生态文明建设规划，实现跨区域生态资源、生态信息、生态科技的共享，促进区域经济的协调发展和生态环境的整体优化。

加强部门或区域联动。各级人民政府要成立由各相关部门组成的生态文明建设部际联席会议制度，形成政策合力。建立陆海统筹的生态系统保护修复和污染防治跨区域联动机制，由上级政府牵头成立跨区域的生态文明建设协调机构，解决区域内突出的环境问题。建立以流域为单元防止水污染的体制和工作机构，统筹解决流域水污染问题。整合调整资源环境监管分割、规则不一、效率低下的问题，对所有污染物排放进行统一监管，建立信息资源共享、执法资源整合的部门联动机制。

2. 建立跨域环境合作治理的法规体系

跨域环境治理中的政府合作必须有法制依据才能降低合作中的交易成本，形成有约束力的合作机制，使环境共治朝着常态化、制度化、规范化方向发展。环境合作的法制依据应该从两个方面进行完善。一是在国家法律法规层面，要从组织法和行政法的角度制定有关政府合作的法律法规，并在环境法律法规中完善环境合作的内容。出台相关环境保护法规和政策规定，并对其他与环境保护相关的水资源、农业、林业、卫生、海洋等地方性法规也进行相应的修改，实现各项法规、政策之间的衔接，为环境合作治理提供法律支持。二是在地方立法层面，通过省级立法促进区域性环境保护联动防治和合作机制的建立，通过立法消除地方保护主义，保障环境合作关系健康发展。为此，建议修订省级环境保护条例，并制订实施细则，明确环境合作治理的内容和规定；明确规定环境统管部门和分管部门的关系及职责范围，以及政府及部门间协调合作的规则；明确规定政府及部门在环境管理方面的具体职责与权限；明确跨行政区环境合作的规则和机制；赋予环境联合执法机构相关行政执法权，为跨行政区域环境执法提供法律依据，使跨行政区域环境联合执法由被动转为主动。制定省域内跨行政区域河流交接断面水质保护管理条例等地方性法规，对政府及部门环境治理中的协调合作等问题进行具体规定。另外，省人大及其常委会应清理、废除那些具有地方保护主义倾向、阻碍区域一体化发展的地方性法规。

3. 建立重大建设项目联合会审制度

对重大建设项目不仅要做环境影响评价，而且应对其进行联合审批，建立联合审查审批制度。凡是在区域边界、环境敏感区，建设重污染、限制发展类等可能造成跨行政区域不良环境影响的区域性开发和重大项目，都要由邻域政府进行会商审批。严格边界建设项目环境准入，以属地为主，征询相邻政府环境主管部门意见，推进边界建设项目联合管理，防止污染跨界转移。为协调做好跨区域、跨边界建设项目环境影响评价审批工作，在涉及边界建设项目的审批过程中，各部门应互通信息、相互沟通，对跨区域新建重污染、限制类项目，邀请相邻城市参加。当前，特别是在跨界河流政府间，需要加强跨界污染项目审批的沟通合作，共同研究跨界流域和区域的限批、禁批和企业搬迁等办法。在都市区，可制定都市经济圈边界建设项目审批会商办法，在审批过程中统一环境准入门槛，对审批会商建设项目的范围做进一步的明确，对审批会商操作办法进一步规范优化，防止产生边界环境污染纠纷。

4. 推进区域生态补偿机制的创新

长期以来，由于没有科学地界定区域生态环境资源产权，明晰区域生态环境资源的产权关系，建立起在法律上强有力并且切实可行的区域环境资源产权制度，导致区域环境资源产权不明晰。在法律制度上也没有规定中央政府、地方政府、各部门以及居民在区域环境资源上的权利和义务，使区域环境资源的所有权和使用权在实际运作中每每不加以区分，特别是区域环境资源的使用权侵犯所有权的现象普遍存在。正是由于区域环境资源的公共性以及所有权与使用权的模糊性，各类生态环境资源的行政管理部门受利益的驱使，往往任意利用区域环境资源的使用权。同时，在对待区域生态资源问题上，往往无偿利用和破坏生态资源。如果允许这种既不核算保护生态环境所做的贡献，也不补偿生态环境被破坏所蒙受的损失的现象继续存在下去，势必进一步加剧"公地的悲剧"。建立区域生态补偿机制的理论根据和社会意义在于实现社会公正，而社会公正离不开生态公正。

生态补偿是实现生态公正的重要手段。我国区域之间在经济发展、资源利用以及财富占有等方面存在的不平衡现象，都与生态不公正密切相关。在对生态资源的拥有以及实际享用方面，东南沿海发达地区和中西部不发达地区存在严重的不公正现象。从产业结构来看，东南沿海发达地区利用资金、技术、管理等一般创造性资源比较丰富，流动性强，对初级产品具有深加工能力强、产业链条长等方面的优势，得到了较快发展和率先发展。中西部贫困地区虽然拥有丰富的自然资源，但是长期以来主要处于为发达地区提供矿产和原材料供应基地的地位。该地区的工业主要以能源和原材料工业为主，大多属于耗水、耗能大户和污染密集型产业，导致形成了资源高消耗、污染高排放的经济结构。不同地区的居民在环境污染方面的受影响程度问题上存在事实上的不公正。不仅如此，贫困地区大部分资源产品和初级产品以低价提供给发达地区，然后再以高价从发达地区购买加工产品，造成双重利润流失。这一方面导致欠发达地区的大量资源以初级资源产品这种不公正的方式大量流失，另一方面粗放式经济导致严重的生态问题。欠发达地区在造成环境污染和生态破坏的情况下，无力投入必要的资金进行环境保护，使生态环境恶化日益严重，由此引发的地区贫富差异拉大、生活质量悬殊等不公正现象越来越突出。一些中西部贫困地区的农民为了改变贫困面貌，背井离乡，到发达地区寻找致富途径，对土地不再依恋，任其荒芜。发达地区在追逐利润而又洁身自好心理的驱使下，将污染的产业梯度转移到欠发达地区，进一步加剧了欠发达地区生态环境的恶化和社会不公正。

要改变这种不合理的现象，必须平衡地区利益格局，建立跨区域生态补偿制度。西方发达国家的环境治理建立在一定的经济基础上，美国开始大规模治理环境问题时，人均国民生产总值达 1.1 万美元。因此，中国经济发达地区建设生态文明面临的经济压力相对较小，其自身也存在产业升级的动力，但经济欠发达地区在一定程度上面临着“吃饱饭”和“保生态”的双重压力和难题。生态文明不是饿着肚子搞生态保护。不少地方提出要尽快出台跨行政区域甚至跨省区的生态补偿机制，不能让落后地区为保护生态而继续受穷、经济持续落后。要对各区域的生态贡献和环境污染损失进行科学核算，为建立合理的生态补偿制度奠定基础。应实施生态补偿的公共财政政策，中央财政和生态受益区财政应将区域生态补偿资金纳入常规性预算之中，用于补偿贫困地区放弃高能耗高污染产业以及输出廉价的资源产品和初级产品带来的经济损失。

5. 推进区域生态环境资源价格制度的创新

在区域生态治理中，要确立生态环境资源价值理念，利用价格杠杆优化区域生态环境资源的配置，努力形成鼓励合理开发和节约利用区域环境资源的价格体系，制定鼓励跨区域生态功能区域的核电、风力发电、垃圾焚烧发电及生物发电的价格政策，形成价格随环境资源量递增的机制，达到抑制多占、滥占和浪费区域内环境资源，促进区域内环境资源节约利用的目的。要建立和完善区域污染物排放的价格约束机制，进一步完善区域排污费征缴的政策措施，提高生态功能区域污染排放成本。要构建排污权交易制度，逐步实行污染物和二氧化硫排放总量的初始有偿分配使用机制，用经济手段鼓励跨区域生态功能区的企业主动治污，积极发展循环经济，限制污染物的排放。要进一步促进环保设施建设和运营的市场化进程。实施环保型价格政策，建立排污者缴费、治污者收益的机制，通过收费政策，推动环保设施建设和运营的产业化、市场化和投资主体的多元化。

6. 推进区域生态环境资源税收制度的创新

生态环境资源作为国家的重要资源，必须征收环境税，对于跨区域生态治理来说，这是促进区域生态环境建设的重要经济手段。所谓环境税，是指对一切开发、利用环境资源的单位和个人，按其对环境资源的开发、利用强度和对环境的污染破坏程度进行征收或减免的一种税收。环境税大体分为两类——资源生态税和污染控制税。为了促进环境保护和环境资源的合理利用，要扩大环境资源税收的征收范围，对所有可再生资源和不可再生资源的开发、利用计征资源税，并适当提高现行资源税征收标准。要改变计税方法，按资源类别、数量和质量的不同计征不同的税率。另外，对于绿色产业开发利用资源予以税收优惠，鼓励开发利用新能源。资源税的征收应由现在的按企业产量征收改为按划分给企业的资源可采储量征收，促使企业提高资源回采率。要调整资源税征收办法，将税率与资源回采率和环境修复程度挂钩，资源开采率越低、环境修复程度越低，资源税率就越高。

7. 推进区域生态治理主体队伍的创新

在区域生态合作治理中，政府是重要主体，担当着制定区域生态治理规划、协调区域行政组织、出台区域生态治理政策法规、统筹使用区域生态治理资金、整合区域生态环境信息等重要任务，需要强化政府在生态治理中的主体地位，发挥其主导性作用。但是，区域生态治理的主体不是单一的，而是多元的。在区域生态合作治理中，非政府组织和其他主体的作用越来越明显。非政府组织在获得生态资源信息和环境保护信息，在对环境污染行为进行监督以及参与生态治理方面都发挥着政府部门无法替代的作用，往往会避免在区域生态合作治理中产生"市场失灵"和"政府失灵"现象。企业在区域生态治理中是一支重要的生力军。区域生态环境保护或环境污染都与企业存在着紧密的联系，企业只有不断强化自己的社会责任意识，朝着绿色生产、绿色产品和绿色销售等方向迈进，才能推动区域生态治理取得成效。社会公众是区域生态治理中数量最为庞大的主体。只有当每个人都有区域生态治理人人有责、人人参与的意识并付出行动，区域生态治理才能扎扎实实地推进。因此，在区域生态合作治理的队伍创新中，应该组建由政府、企业、非政府组织和广大公众共同参与的多元的主体队伍，并充分发挥各自不同的作用。

（二）积极创新区域环保国际合作，维护生态安全

生态环境问题无国界。地球是人类生存和发展的家园，需要全人类共同爱护。加强全球合作，妥善应对能源和环境挑战，是世界各国的共同愿望和共同责任。全球气候变化、臭氧层破坏、大气污染扩散、生物多样性保护、自然资源和能源的合理开发

和利用等生态环境问题，都需要世界各国的通力合作和全球公民的广泛参与。中国作为世界上最大的发展中国家，作为负责任的大国，坚持绿色发展、循环发展、低碳发展，建设生态文明，既有利于推动经济持续健康发展，为人民创造良好生产生活环境，又有利于增强在国际上的话语权，维护中国的核心利益和负责任大国形象，为全球的低碳发展、生态安全做出贡献。在推进生态文明建设的进程中，要树立宽广的国际视野，准确把握国际国内两个大局。控制全球能源消费总量，支持节能低碳产业和新能源、可再生能源发展，是世界各国的共同目标选择。要积极拓展和深化国际合作，探索出一条中国特色的生态文明之路，与世界各国一道共建人类生态文明。

1.区域环保国际合作意义重大

随着我国综合国力显著增强，周边国家和国际社会要求我国承担更多的责任和义务。加强与周边国家的区域环保国际合作，及时并妥善处理各类跨国界环境问题，对避免引起跨界环境纠纷，保障国家周边生态安全，确保国家总体安全具有重大的现实意义。首先，周边和区域环保国际合作是确保国家生态安全的重要阵地。一个国家和民族的生存环境虽有国界相隔，但空气、水、物资、人员等的流动，使一国国内的生态环境问题可以超越国境，呈现区域性、全球性的特征。例如，国际河流、湖泊的上游和下游或环湖国家之间都存在跨国界水污染问题。一国的生态灾难必然对周边地区甚至全球生态环境造成危害。同样，区域性、全球性的生态危机必然对一国的生态安全产生直接影响。其次，全球化背景下生态安全与经济安全、资源安全等紧密交织。当前，环境保护“走出去”已成为我国“走出去”总体战略的重要组成部分，并发挥着保驾护航的重要作用。为此，加大与周边国家在环境与贸易领域的合作，协调好国际贸易与环境保护之间的关系，进一步完善我国环境、贸易方面的法律法规，加强国际贸易、环境管制，对于实现我国国际贸易的可持续发展，确保国家生态安全、经济安全等具有重要的现实意义。最后，跨国界环境风险凸显了周边和区域环保合作的战略意义。我国是世界上拥有邻国最多的国家之一，与中国陆上接壤的国家有 14 个，隔海相望的国家有 6 个，地缘因素造成我国面临的周边和区域环境问题繁多，跨界影响关系复杂。研判我国周边跨界环境问题新动向，总体上看，呈现出以下主要风险特征：一是跨界大气污染问题在周边区域关注度显著上升，尤其是近年来雾霾频发，给我国在跨界大气污染问题上带来日益增大的外界压力；二是我国跨界河流水系复杂，跨界水体环境问题突出，引发的跨界纠纷风险有增大趋势；三是海洋漂浮垃圾造成周边海洋污染的形势日趋严峻；四是气候变化、生物多样性保护、臭氧层保护、化学品管理和核安全等全球环境问题正成为周边地区的重要环境关切。

2.不断加强周边区域环境保护国际合作

国家生态安全问题不仅影响国家政权稳定，而且影响国家之间尤其是与周边邻国之间的外交关系。因此，要加强环境保护在国家生态安全中的作用，突出国家生态安全的区域性和全球性，准确把握国家生态安全与周边区域环境保护国际合作的关系，不断加强周边区域环境保护国际合作。

第一，依托合作机制，加强周边与区域合作，减少生态安全摩擦。我国与周边国家或地区存在一些资源环境方面的争端和遗留问题。沙尘暴、界河污染、酸沉降、海洋污染等长期拖延的矛盾问题逐步显现。为此，要积极采取行动，结合陆上丝绸之路经济带和海上丝绸之路的国家发展战略重点，通过中国—东盟、上海合作组织等之间的环境合作，建立和完善合作机制，妥善解决矛盾，共同维护区域生态安全。此外，我国与这些国家在资源环境及利用方面存在突出的互补优势，可在稳固周边、塑造周边、惠及周边、消除隐患、不出问题的原则下，推进周边地区环境合作的资源优化配置，以环境合作促进资源贸易发展。

第二，创新体制机制，推进国家生态安全治理能力现代化。应进一步完善环保国际合作管理模式，加快形成部际协调、部省协作、互为补充的多元化合作方式。要以周边省份和周边国家的一体化为平台，内外联动，构造区域环境保护合作的大周边战略。要加强组织领导，推动我国国家生态安全与其他国家生态安全形成合力，在周边和区域内打出安全组合拳，共同推进国家治理体系和治理能力现代化，全力打造国家周边安全屏障。

第三，积极参与国际规则制订，特别要以周边和区域环境合作为主线，提升我国的国家生态安全空间。要积极参与国际环境制度构建和国际环境公约谈判，继续坚持共同但有区别的责任原则，承担与发展水平相适应的国际义务，树立保护区域与全球环境的国际形象。同时，要权衡利弊，争取发展所需要的生态空间。引进和吸收国际规范，建立生态安全评价制度，对国外投资、外来物种和外来废弃物进行生态安全评估，有效防范环境风险。把握经济全球化的走势，利用全球资源和国际市场缓解国内的环境压力。探索中国对外援助和对外投资环境管理的有效手段，开发产业园区—合作机构—技术输出的"走出去"模式，为我国环保理念、管理模式、技术产业等"走出去"提供有力支撑。

第四，建立区域环保合作基地和平台，强化能力建设。推动建立一批特色鲜明的环保国际合作基地和平台，包括区域环保国际合作政策研究创新基地、周边区域环保信息共享平台、环保技术与产业国际合作示范基地、跨界环境问题研究基地等。此外，要建立多元化国际合作资金机制，充分利用国际资金开展环境保护和生态建设。进一步加大财政资金的投入力度，更好地发挥财政资金在环保国际合作中的引导作用。加强全国环保国际合作人才队伍建设，重点强化国际谈判队伍的专业化建设，着力培养一批环保国际合作复合型人才。

第五，加强重大跨国环境问题研究，提升解决跨国环境纠纷的能力。目前，我国在跨国环境问题的研究上还比较薄弱，对重大环境问题衍生的发展趋势预测、环境问题与人体健康的关系、环境问题影响国际关系、国际理赔等国家环境安全科学研究的投入还比较缺乏。今后，应从国家安全层面上构建生态安全的研究平台，深入、系统地研究生态安全的具体政策问题，制定正确的生态安全政策和规划，将国家生态安全工作法定化、制度化，切实提高我国解决跨国生态环境问题的能力。

下篇：实际案例解析——以四川省为例

第六章　四川省生态文明建设的现状与分析

第一节　四川省生态省建设实践

2000 年，国务院印发的《全国生态环境保护纲要》提出生态省建设，生态环境部大力推动，各地积极响应。生态省建设强调在发展中保护，在保护中发展，使环境质量改善与经济发展相促进；强调以经济发展的绿色化为统领，狠抓转型升级、大力淘汰落后产能、发展环保产业、开展产品生态化设计、加强清洁生产、促进生态文明建设与经济建设的融合。

四川享有“天府之国”的美誉，是长江上游的重要屏障，建设生态四川是巩固长江上游生态屏障的重要战略举措。四川生态环境的状况，不仅关系自身的长远发展，而且关系三峡库区及长江中下游地区经济社会发展和环境安全。2004 年四川省委省政府正式确定生态立省的战略目标，2005 年初，四川省委省政府决定由省环保局牵头编制《四川生态省建设规划纲要》(以下简称《纲要》),《纲要》阐述了四川省生态省建设的重要意义，分析了生态省建设的现实基础、面临的主要矛盾，明确了生态省建设的指导思想、基本原则、建设目标、指标体系、功能区划、基本体系、主攻方向和保证措施等，并于 2006 年 9 月 21 日正式实施，自此四川省正式进入生态省建设阶段。

自生态省建设进行以来，生态环境治理收到了明显的成效，但同时还存在一些问题，对此，以下内容将进行展开说明。

一、四川生态省建设的成效

（一）生态省建设成效卓越

截至2012年底全省共建成国家和省级森林城市6个、国家和省级绿化模范县42个，国家和省级环保模范城市19个，省级生态县9个，国家和省级环境优美乡镇460个，国家和省级生态村2009个，省级生态家园3.3万户；建成生态功能保护区7个，各类自然保护区166个，国际重要湿地1处，国家和省级湿地公园11个；全省保护区网络体系进一步完善，被保护面积占四川省总面积的比例达到18.3%，自然生态区有效保护了95%以上的珍稀野生动植物物种。大力实施退耕还林还草及植树造林工程，累计完成营造林49946万亩，巩固退耕还林成果1336.4万亩，完成退牧还草7020万亩，天然湿地恢复15万余亩，森林抚育补贴试点110万亩，低产低效商品林改造421万亩，义务植树8.27亿株，全省森林覆盖率达到35.1%。生态公益林补偿制度和草原生态保护补助奖励机制初步建立。结合社会主义新农村建设的全面推进，全省累计建成沼气池42万口，大中型沼气工程107处，农村垃圾分类收集体系初步形成，人居环境不断得到改善。同时加大水土保持力度，全省森林生态系统累计减少土壤侵蚀量11167.49万吨，减少土壤有机质和土壤氮磷钾损失量1082.81万吨，涵养水源量744.92亿吨，固定碳量7609.74万吨，释放氧气16210.73万吨，积累营养物质124.34万吨，净化空气污染物46055.89万吨，节约能源1068.75亿千瓦时，减少二氧化碳排放874.40万吨，减少二氧化硫排放84.12万吨。

（二）生态文化建设得到切实推进

生态文化是生态省建设的重要内容，是生态文明的重要体现。生态省的建设需要在先进的生态文化引导下，用生态文明代替工业文明，追求生态进步，为生态经济的发展奠定坚实的基础。全省各地通过组织多形式、多层次的生态教育普及生态文化知识，使广大群众对生态文化的认识和接受程度大大提高，这种意识的提高，有效促进了公众自觉参与生态文明家园建设的主动性、自觉性。以农村生态文明"细胞工程"建设为载体，组建农家书屋，评选农村文明户和建立科技示范户，弘扬文明乡风，形成人与自然和谐相处的农村新风尚。如沐川县利用竹蕴含的"生生不息节节高"的文化理念，以竹为媒弘扬生态文化理念，将建设"生态沐川，幸福家园"作为沐川生态县建设的源动力和最终目标，共建生态沐川，共享"蓝天碧水"，共创美好生活，取得了较好的成效。温江区通过宣传普及生态环境科学知识，开展环保志愿者活动，倡导绿色消费模式等方式，通过生态文化进社区，大大拓展了生态文化建设的深度和广度。郫都区（原郫县）围绕将团结镇努力打造为生态环境优美、人民生活富裕、社会政治稳定的沙西线生态文化第一镇的奋斗目标，充分挖掘团结镇的历史文化内涵，打响“府河源”品牌，积极营造“大千幽居之地，学子麇集之城，府河清水之源，清真美食之乡”的历史生态文化名镇建设氛围。

（三）节能减排初见成效

以工业为重点，技术为支撑，项目为载体，大力实施节能技术改造，推广清洁生产，打造一批节能示范点，强化节能目标责任制，加快淘汰落后产能，严控新上高耗能高污染项目，加强监督管理，总体耗能呈逐年下降态势。与2005年相比，2012年单位生产总值能耗下降23%左右，工业增加值能耗下降28.05%。通过推进工程减排、结构减排和管理减排，强化减排三大体系建设，减排工作取得新进展。“2012年全省化学需氧量排放量比2005年下降5.43%，七年累计削减31.7万吨；二氧化硫排放量比2005年下降12.93%，累计削减61.16万吨；关停小煤矿、小钢铁、小造纸、小水泥、小酒厂和小屠宰场1267个，小火电机组69个，限期治理工业企业2653家；全省燃煤电厂脱硫装机比例达超过93%，烧结机脱硫面积占总面积的70%以上；建成投运城镇生活污水处理厂166座、生活垃圾处理场116座，全省城市污水处理率和生活垃圾无害化处理率分别达到80%和89%；挂牌整治规模化畜禽养殖污染企业300家，实施了84个乡镇农村环境连片治理项目。”①18个地级市开展了机动车环保检测，在南充市启动了机动车尾气治理试点。

（四）特色产业发展取得重大进展

优势特色产业是区域经济中最具有竞争力的因素。区域产业的发展壮大带来的资源、人才等要素的相互聚集和吸引，会逐渐在产业周围形成具有核心竞争力的产业集群。四川已经构建了五大经济区，各经济区中的优势产业分别为：成都经济区的高新技术、石油化工、农产品加工、国防科技工业；川南经济区的能源、天然气化工和盐化工、机械制造、新材料、食品饮料；攀西经济区的能源、钢铁、稀有金属、亚热带农业和农产品加工；川东经济区的钢铁、天然气化工、农产品化工；川西经济区的生态经济、生态旅游、民族特色产业等。近几年来四川省财政安排20亿元重点支持100个战略性新兴产业项目，实施了233个战略性新兴产品培育计划、“7+3”产业发展规划和八大产业调整与振兴行动计划，加速了产业园区发展，提前一年实现了“1525工程”培育目标。重点支持新材料产业发展，钒钛新材料、硅材料、化学新材

① 于会文.加强节能减排建设“两型”社会[N].中国环境报，2011-10-20(02).

料、稀土新材料、超硬新材料、生物医学新材料产业得到较大发展。截至2010年四川省建成"攀枝花钢铁（钒钛）国家新型工业化产业示范基地"、乐山"国家硅材料开发与副产物利用产业化基地""凉山稀土材料国家工程研究中心四川研发基地""四川大学国家生物医学材料工程技术研究中心""国家纳米生物材料产业孵化基地""生物材料国家级检验评价中心"等多家国家级研发基地和重点企业。新材料产业发展迅速，新材料产业集群也随之逐步形成。实施大企业大集团培育计划和中小企业发展倍增计划，强化企业的自主创新能力，增加技术改造投资20.3%，新申请发明专利3270件，财政支持重大科技成果转化项目216个，高新技术产值突破6000亿元。积极发展现代农业，实施现代农业千亿示范工程，建成现代农业产业基地829万亩、高标准农田209.5万亩，农业机械化水平达到35.8%，粮食产量大幅增长；发展现代畜牧业，提升畜牧业发展质量，84个县建成大型生猪调出县；发展林业产业，新建400万亩现代林业产业基地，珍稀树木示范基地4.3万亩。加快发展以物流、商贸、金融中心建设为重点的现代服务业，推进会展、服务外包、电子商务等现代服务业蓬勃发展，截至2010年四川拥有规模以上第三方物流企业1000多家，成都成为名副其实的西部物流中心。旅游业发展又现高潮，旅游总收入增长接近30%，文化产业市场规模和效益稳步提升，服务业增加值增长迅速。

二、四川生态省建设存在的问题

（一）粗放型的经济发展方式仍未得到根本改变

"经济增长方式"通常指决定经济增长的各种要素的组合方式以及各种要素组合起来推动经济增长的方式。按照马克思的观点，经济增长方式可归结为扩大再生产的两种类型，即内涵扩大再生产和外延扩大再生产。现代经济学从不同的角度将经济增长的方式分成两类，即粗放型经济和集约型经济。自2006年以来，四川省虽然通过推广清洁生产，发展循环经济，支持环保产业等方式促进了四川省经济发展方式的转变，部分地区取得了初步成果，但是总体来说四川"粗放型"的经济发展方式仍未得到根本改变。其主要表现为产业结构不合理，企业的综合利用资源效率低。四川省的产业结构不合理主要是产业结构层次较低，第一产业所占比重虽然有所下降，但仍然高于东部发达地区。尚未走出以能源原材料为主导的工业化初级阶段，新兴产业包括技术含量高的制造业，外向型经济发展较为缓慢，第一产业从业人员占总从业人员比例为63.9%，远高于全国平均49.8%的比例，而第二产业从业人员的比例却低于全国平均水平。同时轻重工业比重失调，工业发展层次低，缺乏核心竞争力。四川企业的资源综合利用水平不高主要表现为企业发展模式、管理方式落后，科技创新能力差，产品竞争力不足，企业的带动与辐射作用小。

（二）公众的生态文明意识依然薄弱

生态文明意识是社会意识形态的形式之一，“是指人类在谋求人与自然和谐相处的过程中形成的一种思想观念，主要包括生态伦理意识、生态价值意识、生态科技意识、生态审美意识等”。公民的生态文明意识的强弱直接决定了其对生态省建设的态度与参与程度。有研究者通过问卷调查的方式（共发放问卷 1200 份，回收 1113 份，回收率为 92.75%）从三个维度考察了四川公众的生态文明意识状况。

第一维度主要考察公众对生态文明知识的知晓度，共设置了四个问题，分别是：①您了解“生态文明”的概念吗？②循环经济“3R”原则是什么？③绿色消费方式是指什么？④白色污染指什么？统计结果显示，公众知晓这些知识的比例仅为 49.35%，这意味着有一半以上的公众对生态文明的相关知识并不了解，与生态省建设中“全面普及”的要求还有一定的差距。

第二个维度主要考察公众对生态文明建设的认同度，主要围绕四个大的方面来进行了调查，分别是：①您认为人与自然的关系是什么？②您对四川当前的资源环境状况所持的态度是什么？脱硫您愿意参与身边的生态建设吗？④如何看“环境保护是政府的事”。统计结果显示，只有 66% 的人能够正确理解人与自然的关系，这说明还有相当一部分的人不具备正确的认识或根本没思考过这个问题。而在对四川当前资源环境状况问题的考察中，有一半以上的人持盲目乐观的态度，尚未意识到目前四川省所面临的严峻的资源环境压力。对于环境保护的参与意愿，绝大多数人能够意识到这是每一个公民的责任并愿意参与周围的生态建设活动。相对于在家附近建设一个有严重污染的化工厂，大多数人（63.8%）持反对态度，而对全球变暖这一类规模较大的生态灾难，大多数人（82.2%）则选择冷漠对待。这说明公民更多地关注与自己切身利益相关的身边的环境问题，认为应当优先解决的是日常生活中遇到的各种环境问题。这一趋势表明公民对生命的珍惜和对生活质量要求的提高，会增强其对环境质量的要求，从而形成推动生态文明建设的重要社会力量。但这些属于浅层次的生态文明意识，而更深层次的生态意识，如关于海洋污染、荒漠化、森林破坏等生态环境问题大多数人缺乏关心，气候变暖、酸雨等大规模的生态灾难更是乏人问津。对与自身利益相关的污染事件的积极关注，而对影响更为深远的生态问题漠然处之，说明四川公民的生态文明意识还处于较低层次，生态文明道德修养还有待提高。

第三个维度考察的是公众对生态文明的践行度。调查的问题分别是：①你是否会因为价高而放弃选择环保产品；②如果单位或家附近有破坏环境的行为你会制止吗？③你会经常主动关注环保方面的知识与活动吗？调查结果显示，只有不到15%的公众选择不会因为价格高放弃选择环保产品，说明环保产品的需求依然受产品价格影响，也反映出四川公民生态消费观念的缺乏。而关于公众对周围环境破坏行为的态度，大部分人（86.9%）对损害自身利益的破坏行为的反应比较强烈，而对与自己无关的破坏行为采取制止行为的仅占一小部分（33.7%）。调查显示只有31.1%的地方政府采取专门政策以促进生态省建设，说明生态省建设在基层的开展缺乏相应的政策保障和制度支撑。

由以上调查结果可知，当前四川生态省建设存在着公民生态文明意识整体偏低的问题，主要表现为对环境问题的关注度低，重视直接生活环境而轻间接生态环境，生态文明知识水平总体偏低，并且知行不一，说多做少，参与生态省建设的水平较低，生态消费意识淡薄等。这种状况十分不利于生态省建设的进行。因此，必须要进一步加强生态文明的宣传教育，大力普及生态文明知识，培养生态文明道德，树立生态消费意识，使生态文明观念深入人心。

（三）区际污染转移问题突出

区际污染转移是指环保强度高的国家（地区）将污染物通过环境介质传输到环保强度低的国家，从而造成另一个国家地区的环境污染。区际污染转移包含国家间的污染转移和一国范围内地区间的污染转移两个层次。

1. 国家间的污染转移

随着西部大开发的不断推进，处于发展中国家落后地区的西部，自然成为发达国家转移高污染产业的好选择之一。西部地区由于资金短缺、技术创新能力不足等原因，只能通过引进外国技术和接纳外国直接投资的国际产业转移来建立新兴产业和更新改造传统产业。而在引进技术和外资的过程中，一些地方政府的环保意识不强，单纯强调外资引进的速度和规模，对引进外资的质量和效率缺乏考虑，对外资企业可能带来的环境污染后果更是无暇顾问，这样一来就为污染企业入川打开了方便之门。据统计，"三资"在四川投资设立的企业共470个，资产合计630.53亿元，工业总产值为578.50亿元，而这些企业中有353个污染工业企业，资产合计为456.64亿元，工业总产值约为430.42亿元（电力、热力生产和供应链工业总产值缺失），分别占"三资"工业企业相应指标的75.1%、74.42%和75.76%。这些数据足以说明"三资"企业在向四川转移的过程中不仅带来了资金和工业产值，也给四川生态环境带来了无法估量的污染源。

2. 地区间的污染转移

由于东西部经济发展水平的差异，东西部处于不同的经济梯度，这就决定了东西部产业结构层次和水平的差异。这种差异必然导致污染型产业向西部转移。近些年，东部地区正在进行产业结构和产品结构的优化调整，致力于发展更具比较优势的产业和拥有高科技含量、高附加值的新兴产业。而对当地资源配置结构合理性和环境保护重要性的考虑，使那些相对笨重、污染环境、低附加值的“夕阳产业”无法在东部继续生存，但他们在西部地区却有着相对旺盛的生命力，污染密集型企业就是其中重要的组成部分。具有典型代表是四川成都彭州市联邦制药（成都）有限公司。该企业是当地引进的重点投资项目，引进之初彭州市环保局只批复了该厂年产 1200 吨 6- 氨基青霉烷酸项目。然而该企业落地之后就大肆扩大产能，年产量达到 3000 吨，有超过 2000 吨未经过环评的超规模项目。超额的生产量自然带来超额的排放量，该厂生产过程中排放的化学废气给周围居民的生命健康带来了巨大威胁。虽然该企业先后也投入 5000 万元用于治理环境，但始终无法从根本上解决污染问题。类似的事件近年来在四川频频发生。伴随着污染物的西移，污染物下乡也日益增加。为了改善日益严重的城市环境污染问题，四川的一些大中城市通过将第二产业退出主城区，在主城区发展服务型经济从而实现主城区产业结构和城市布局的合理优化。这就是所谓的“退二进三”的产业策略。这一策略对优化主城区的生态环境、产业布局和城市布局的确发挥了积极的作用，但这一切都是以破坏作为承接主体的周边农村和一些落后小城镇生活环境和生态环境为代价的。虽然当前这种污染转移的总量和程度尚低，没有成为四川生态省建设的不利因素，但未来相当长一段时间内随着这种转移的积累以及当地环境的逐渐恶化，势必形成影响生态省建设全面发展的强效因素。

第二节　四川省生态文明建设的内涵及特征

一、四川省生态文明建设的基本内涵

生态文明建设这一概念的提出，它不仅反映了人类文明形态的进步，也反映了人类社会制度理念的进步；不仅是价值观念的提升，亦是生产生活方式的进步，作为更高于工业文明的一种人类文明的高级形态，生态文明建设主要涵盖完善的生态文明建设机制、符合现实的可行的有效路径、完善有力的政策措施等。所谓四川省生态文

明建设的内涵及特征，就是把握和根据自然规律，以尊重与维护自然为前提条件，以人与自然、人与社会、人与人和谐共生为宗旨，以资源环境的承载力为基础，立足四川现实情况，在四川实施工业强省与城镇化带动战略的过程中，基于工业文明建设所取得的物质基础上，对过去、现在及将来工业强省、城镇化带动战略中工业文明优秀成果的保存、继承，以推动跨越，实现四川社会文明、经济文明与生态文明的整体提升。

（一）生态文明建设是全面建设小康社会的必然要求

"十三五"时期是全面建设小康社会的关键时期。党的十七大提出确保到2020年实现全面建成小康社会的奋斗目标，实现人均GDP到2020年比2000年翻两番，并在十六大的基础上提出新要求：一是扩大社会主义民主，更好保障人民权益和社会公平正义；二是加强文化建设，明显提高全民族文明素质；三是加快发展社会事业，全面改善人民生活；四是增强发展协调性，努力实现经济又好又快发展；五是建设生态文明，基本形成节约能源资源和保护生态环境的产业结构、增长方式、消费模式。循环经济形成较大规模，可再生能源比重显著上升。主要污染物排放得到有效控制，生态环境质量明显改善。生态文明观念在全社会牢固树立。可见，全面建设小康社会的奋斗目标的新要求就是可持续发展、全面发展、协调发展、生态好转的发展目标。

而四川省贫困人口众多，扶贫与脱贫任务艰巨。事实证明，工业化进程是任何国家、任何地区发展所不能逾越的阶段。国内外经验也表明，贫困问题、环境问题最终还是需要通过工业化发展来解决的。但问题是，当前四川省大多数企业管理水平与技术水平落后，生产方式粗放，再加之生态脆弱的特性，使得经济增长与资源、环境、生态之间的矛盾突出。因此，大力倡导生态文明观念，着力建设生态文明，以生态文明引领工业化发展，既是四川省在加快发展的同时，促进脆弱生态好转、构建物质文明、精神文明和生态文明的关键，也是本省推动工业化进程、全面建设小康社会的必然要求。

（二）建设生态文明是构建"资源节约型和环境友好型社会"的重要内容

建设资源节约型、环境友好型社会是党的十七大及党的十七届五中全会通过的《关于制定国民经济和社会发展第十二个五年规划的建议》中一直强调和高度关注重视的重要任务之一，是我国实施可持续发展战略的重大举措。

四川省长期以来由于受工业化所处阶段及整体技术水平的限制，经济增长主要靠增加自然要素投入和物质大量消耗，靠简单廉价劳动力支撑发展。经济建设一直以来存在重速度、轻效益，重铺新摊子、轻技术改进，重数量、轻质量等现象，致使四川经济发展呈现出高投入、低效益、缓慢增长的状况，陷入“资源诅咒”陷阱。资源的大量消耗，生态环境的恶化不仅降低了经济增长的质量，而且严重制约了四川省的可持续发展。转变经济增长方式，促进产业结构升级，引导经济发展向“又好又快、更好更快”转变，将是四川省目前和未来很长一段时间内所面临的重要任务。而构建资源节约型和环境友好型社会是完成这一任务的关键。资源节约型社会就是在生产、消费和流通等环节，依据经济、行政及法律等手段，促使资源使用效率的提高，实现低投入高产出，达到经济效益、生态效益和社会效益的统一。所谓环境友好型社会，即以生态环境的承载力为基础，尊重与维护自然，遵循自然规律，以人与自然、人与社会、人与人和谐共生为宗旨，倡导生态文明观念，实现人、资源与环境协调发展的社会发展价值体系。因此，构建资源节约型与环境友好型社会就是坚持科学发展观，以生态文明为指导，以提高资源利用效率、降低环境污染排放作为经济增长方式与工业化生产方式的准则，以保护环境、改善生态为主要内容，促进社会经济发展，实现“生产发展、生活富裕、生态良好的文明发展道路”。

因此，建设生态文明，无疑是四川省在实施工业强省与城镇化带动战略的同时构建“资源节约型和环境友好型社会”的重要内容。

（三）生态文明建设是推进新型工业化进程，推动跨越式发展的内在要求

四川作为欠发达地区的典型省份，如何缩小同发达地区经济社会发展差距，推动跨越式发展是四川省历届政府、四川各界专家学者一直所肩负的重任。四川具有丰富的自然生态资源优势。但生态环境脆弱，其经济发展历史基础薄弱，仍处于工业现代化起步的阶段。在这种情况下，试图通过传统的工业化模式已难以摆脱其所处的“低水平均衡陷阱”发展状态，更难以实现对发达地区的追赶。十七大关于建设生态文明的重要论述，为四川探索跨越式发展路径提供理论指引，即在四川这样的欠发达欠发展地区必须走一条超越传统工业化的新型工业化道路。这种新型工业化道路就是通过加快生态文明建设来优化并推动四川工业化发展，实现经济社会的“加速发展、加快转型、推动跨越”，走出一条具有四川特色的生态现代化与工业现代化道路。

二、四川省生态文明建设的特征

生态文明建设是一项复杂、长期的系统工程，在内容上具有全面性，时间上具有长期性，过程上具有渐进性和阶段性，成果上具有多样性。除此之外，四川省生态文明建设还有以下特征。

（一）战略性

中央政府将生态文明建设作为国家战略，并将其与经济建设、文化建设、社会建设和政治建设共同作为全面建设小康社会的重要任务。但多数地方政府并未将生态文明建设上升至区域战略高度，仅仅是将生态文明建设纳入环保部门，甚至相当多地区仅仅把生态文明建设当作生态建设和环境保护工作，而非致力于生态文明建设体系的建立和完善。四川省委省政府将生态文明建设作为实现区域经济社会历史性跨越的主要战略，进行了全面的部署，各级政府也相继出台关于加快生态文明建设的决定，形成了政府强力推进生态文明建设的态势。四川在"保住青山绿水也是政绩"执政理念和"环境立省"战略的良好基础上，提出要"抓住机遇，加快生态文明和生态现代化建设"。在省委省政府的号召下，各市（州）都相继出台了关于生态文明建设的决定，把生态文明建设作为区域发展整体战略来推进。

（二）系统性

就目前全国各地方政府积极探索生态文明的实践来看，虽也取得了较大成绩，但仍有相当多的地区把生态文明建设当成仅仅是在落实国家方针政策，而对生态文明建设的战略意义、战略地位和战略高度认识不足，对生态文明建设的认识还停留在实现生态环境保护的单一目标上，战略体系还不完善。而在四川省，各级政府却从战略的高度对生态文明建设进行战略性的系统规划，以人、自然、社会之间相互平等为理念，运用生态学原理对生态系统进行保护、恢复、重建和管理，促进人与自然和谐发展。并认为它既是一种竞争、共生和自生的生存发展机制，又是一种追求时间、空间、数量、结构、秩序持续发展与和谐的系统功能；既是一种着眼于富裕、健康、文明目标的高效开拓过程，也是一种整体、协调、循环、自生的进化适应能力；既是保护生存环境、保护生产力、保护生命保障系统的长远战略举措，也是一场旨在发展生产力的技术、体制文化领域的社会革命，是对可持续发展道路的一种系统的、全面的实践与探索。

（三）阶段性

生态文明建设不是一蹴而就的，而是呈螺旋式上升发展的过程，具有明显的阶段性和层次性。因此，生态文明建设有低层次和高层次、初级阶段和高级阶段之分。

在生态文明建设的初级阶段，建设生态文明是指在工业文明所取得的物质成果基础上以更理性的态度对待自然，着力改善和优化人与自然的关系，积极保护和加强生态环境建设，这既是当前我国使用“建设生态文明”一词的含义，也是生态文明低层次形态的表现特征。如党的十七大报告中指出，生态文明建设的任务和目标是“基本形成节约能源和保护生态环境的产业结构”，强调的是提高资源利用效率和保护生态环境，明显具有生态文明建设在初级阶段呈低层次性的特性。这是我国在推进实现可持续发展道路上的首要任务。尤其对四川而言，工业化推进是一项艰巨的任务，社会发展水平远未达到社会文明形态发生转变的条件。我们要清晰地认识四川省工业化发展和生态文明所处的阶段与层次，客观理性地审视人与自然、发展与环境保护的关系。

四川在对外开放中坚持生态文明建设，在生态文明建设中深化对外开放，已经形成了内陆开放的潜在优势。在新一轮西部大开发中，内陆开放将是重点。四川有望通过生态文明建设和生态现代化道路进一步扩大对外开放，以大开放促大发展，从而走出一条通过生态现代化实现历史性跨越的道路，这样不仅会提高四川在全球的关注度，而且会提高中国生态文明建设在全球的影响力。

第三节　“一带一路”背景下四川省生态文明建设的优势和劣势

为了贯彻党的十八大、十八届三中全会提出建设“美丽中国”精神，全面推进生态文明建设，四川省委省政府高度重视生态文明建设，提出建设“美丽繁荣和谐四川”的宏伟战略。省委十届三次会议提出加强生态文明建设，坚持节约资源和保护环境的基本国策，加快建设美丽四川。省委十届四次会议明确提出深化生态文明体制改革，核心是处理好经济发展与环境保护的关系，着力建立生态文明制度，构建长江上游生态屏障，加快建设美丽四川，推动形成人与自然和谐发展的新格局。

一、"一带一路"倡议下四川省生态文明建设的优势

（一）"一带一路"倡议下四川省生态文明建设面临的机遇

1. 全方位开放使四川成为开放前沿

"一带一路"倡议极大地改变了四川发展的地理区位劣势——从开放末梢变为开放前沿，从边远地区成为亚欧大陆发展的前沿；既为四川经济的外向发展拓展了空间，也为未来发展增添了强大动能。它与"长江经济带"也有联系。

2. 高强度投资改善了四川的发展条件

"一带一路"倡议的实施将对铁路、公路、机场、水路、物流、油气、通信等方面的基础设施进行大量投入，将显著地改善四川的基础发展条件。此外，"一带一路"沿线关键通道、关键节点和重点工程实施，也为四川钢铁、机械、建筑等传统优势产业发展创造了需求，为四川发展注入新的活力。

3. 互补性合作推动四川融入世界经济格局

四川与"一带一路"沿线 65 个国家均有贸易往来，与这些国家的产业互补性也非常强，2014 年四川对"一带一路"国家货物贸易进出口总额为 212.1 亿美元。此外，四川在"一带一路"沿线国家的工程承包额超过 40 亿美元。"一带一路"倡议有利于四川的优势产业和富余产能向外战略性转移，不仅消化掉过剩产能，还可以卖产品、卖技术、搞合作，打造共赢的开放型经济生态系统。

4. 基础设施升级推动四川旅游发展

四川有着丰富的旅游资源，包括丰富的生态资源、文化资源、宗教资源、景观资源，但有的旅游资源的可达性不强。随着"一带一路"的通道建设，国外游客进入四川旅游的便捷程度大大提升，为四川旅游产业发展带来了历史性机遇。

5. 开放度提高倒逼四川市场化改革

"一带一路"建设必然要求沿线各国建立国际通行的市场规则，作为倡议者和引领者，中国必将加快深化市场体制改革，切实发挥市场在资源配置中的决定性作用。四川利用该机遇倒逼国有企业、要素市场等重点领域的改革。

（二）四川省自身所具备的优势条件

1. 幅员辽阔，资源丰富

四川矿藏资源较齐全，探明储量较丰富。其中水能最为丰富，理论蕴藏量 1.43 亿千瓦；已探明天然气地质储量 5545 亿立方米，约占全国陆上气层气探明储量的 1/3；煤炭资源主要集中于川南和川西南地区，川东、川北也有分布，储量 110 亿

吨；四川攀枝花的钒钛磁铁矿等矿产资源数量与质量堪称世界级；此外，四川太阳能、风能和地热能资源都有一定规模。

此外，四川省不但有被列入《世界遗产名录》，文化和自然双重遗产——乐山大佛，文化遗产——都江堰以及自然遗产——九寨沟和黄龙，还有国家级风景名胜区 15 处，中国历史文化名城 7 座。此外，四川还有国家级重点文物保护单位 137 处，国家级森林公园 30 个。四川珍稀动物保护资源居全国第 2 位，尤其是大熊猫数目占全国的 85%，享有“大熊猫故乡”的美誉。丰富的旅游资源，为四川发展旅游经济和生态经济提供了绝好条件。

2. 有着深厚的人文底蕴

四川历史悠久，是我国多元一体的华夏文明的起源地之一，早在 4500 年前成都平原就诞生了最早的城市文明。四川现拥有全国重点文物保护单位 62 处、中国历史文化名城 7 座。四川历史悠久的巴蜀文化资源，使文化产业具有繁荣发展的深厚底蕴。四川是多民族地区，有 55 个少数民族，有彝、藏、羌等 14 个世居少数民族。此外，风格独特的川剧、川菜、川酒、川茶、皮影、木偶、杂耍等民俗文化在国内外具有很高的知名度。四川是道教的起源地，道教文化资源极为丰厚。四川佛教历史悠久，是中国佛教的重要组成部分，峨眉山不但是中国四大佛教名山之一，也是世界文化与自然遗产。基督教、天主教、伊斯兰教等，也是四川宗教文化的重要组成部分。四川丰富多彩的宗教文化，演绎了独具一格的天府文明。

二、“一带一路”倡议下四川省生态文明建设的劣势

（一）“一带一路”倡议下四川省生态文明建设面临的挑战

1. 产业升级存在压力

四川三次产业仍是“二三一”结构，二产占 GDP 比重超过 50%，一产比重高全国近 3 个百分点，三产占 GDP 比重低于全国 10.8 个百分点，服务业仍然是四川经济社会发展中的“短板”。同时，工业还没有完全摆脱粗放式增长模式，四川重化工业比重高达 67.5%，六大高耗能行业、传统资源性行业比重达 40%，而以装备制造和高新技术产业为代表的先进制造业占比只有 22% 左右，比全国平均水平低 4 个百分点以上。特别是化工、冶金、建材、白酒等产业存在的产能过剩问题严重，四川经济结构性矛盾依然突出，产业转型升级存在压力。

2. 环境污染治理压力较大

四川长江干流（四川段）、金沙江、岷江、沱江、嘉陵江五大水系水质都受到一定程度污染，成都的府河、江安河、新津南河、眉山的南河、体泉河等为重度污染，眉山的思蒙河、越溪河自贡入境段为中度污染。除水污染治理压力外，空气污染对四川省环境污染治理提出了挑战。按照《新的空气质量标准》，2013 年成都市空气质量优良天数的比例为 36.3%，PM2.5、可吸入颗粒物、臭氧、二氧化碳日均浓度超标率较高。尤其成都 PM2.5 超标，极大地影响了空气质量，也影响了美丽四川形象。此外，农村垃圾乱倒、污水乱排、棚舍乱搭“三乱”现象比较突出，垃圾分类很难实施，农业面源污染比较严重等问题，尤其农村生态文明意识较薄弱，这些对农村生态文明建设提出了较大挑战。

3. 工业化、城镇化快速推进带来了挑战

随着天府新区建设推进，开发可能会引发大城市的共性环境问题、城乡接合部问题和农村环境问题，由此对环境承载力和环境容量产生较大影响，尤其对水资源和大气污染带来巨大挑战。由于天府新区属于成都平原下风下水区域，受河流上游及上风影响较大，区域发展的生态环境约束增大。此外，成渝城市群一体化发展被明确纳入国家战略，进一步推进川南经济区、川东北经济区等建设。今后铁路、高速公路、机场等一系列重大工程将全面推进，能源消费增量呈刚性增长态势，对资源能源需求加剧。这些客观形势必然对四川自然环境保护和生态文明建设总体格局产生较大影响，也带来较大挑战。

4. 由部分兄弟省市带来的竞争压力

东部地区浙江生态文明形成了“浙江模式”，“安吉模式”成为美丽乡村生态文明建设样本。福建生态文明中“长汀模式”成为水土流失治理的范例，同时，福建全域被纳入生态文明示范区，探索出不少经验。西部地区云南、贵州在生态文明建设的探索实践中已形成了一定模式。中部江西被纳入了全域生态文明示范区建设名单，在林权制度改革、生态文明考核方面等形成可推广经验。因此，这些省份给四川省生态文明建设带来了一定的压力。四川省必须寻找生态文明建设的路径、抓手，形成四川经验，打造四川亮点。

（二）四川省在发展过程中体现出来的问题

1. 人口与资源的矛盾突出

四川省总人口近九千万人，人地矛盾尖锐，人均耕地面积只有 0.069 公顷，比全国要少 27%。水资源供需矛盾十分尖锐，资源总量不少，但时空分布不均，全省 17

个市人均水资源在缺水上限 3000 立方米以下，其中 12 个城市在 1700 立方米的缺水警戒线以下。

此外，由于人地矛盾突出，土地利用方式不尽合理，导致土地垦殖过度、坡耕地面积较大。四川丘陵区垦殖指数多在 50% 以上；全省 15% 以上的坡耕地占耕地面积的 30% 以上，其中 15% 以上的陡坡耕地占耕地面积的 10.18%。区内各类天然草地 1515 万公顷，占全省面积的 31%。多年来因缺乏有效的管理和保护，草地生态环境呈恶化趋势。

2. 区域性贫困与生态保护的矛盾突出

四川省地处西部，是全国贫困人口数量较大的区域，贫困问题比较突出。全省共有国家级扶贫县 36 个，扶贫村 10000 个，贫困人口占总人口的比例为 3.4%。贫困人口主要集中分布在川西北江河源区、川西高山高原区、盆周部分山区，区域性贫困问题和生态脆弱环境问题叠加在一起，特别是居住在高寒山区及江河源头区的少数民族，其生存和生态保护的矛盾尖锐。

3. 森林生态系统退化，水土流失严重

由于过去毁林开荒、过量采伐，四川森林覆盖率下降较快。近 10 年来，虽然通过狠抓植树造林、绿化荒山，森林覆盖率已恢复到 30.27%，但新增林地多属中幼林，急需抚育更新，且多为单种树林，层次结构单一，林下灌木、草本植物较少，甚至地表裸露，土壤受到不同程度的侵蚀。目前，全省水土流失的状况并未得到根本好转。

第七章　“一带一路”倡议下四川省生态文明建设的评价指标体系

第一节　四川生态文明建设评价的基本思想与方法

一、指导思想

建立生态文明建设评价指标体系是一项科学、严谨、富有创造性的工作，因此确定指标的指导思想既要实事求是，又要与时俱进，勇于创新；既要借鉴国内外的相关指标，又要结合本地实际，因地制宜，突出地方特色。

生态文明建设评价的指导思想是：以科学的发展观为指导。既借鉴吸收现有相关指标体系的精华，又结合实际创造性地设计生态文明建设的评价指标体系；在综合借鉴现有各种相关指标体系的基础上，以建设资源节约型、环境友好型社会为基础条件和着眼点；坚持以人为本，充分发挥人在构建社会主义和谐社会中的主观能动作用；既强调经济、社会、资源环境可持续发展的重要性，也注重提高生态承载力，确保生态安全；通过提高全社会的文明程度来保障人与自然的和谐发展。

二、主要原则

（一）科学性、系统性与可操作性相结合原则

生态文明建设目标的建立，首先要求相应的指标体系必须具有科学性和系统性，但同时又应该与现实数据采集的可操作性相结合。单纯追求指标体系的科学性和系统性，忽视现实数据采集的可操作性，指标体系无法实现；片面考虑现实数据采集的可操作性，忽视指标体系的科学性和系统性而建立的指标体系也没有实际意义。

（二）定性分析与定量分析相结合原则

定量方法必须与定性评价相结合，特别是在评价标准的确定上，只有依据定性分析才有可能正确把握量变转化为质变的“度”，也才能对生态文明建设目标进行科学合理的把握。

（三）尽可能选择客观指标原则

生态文明指标体系作为一种绩效评价体系，其目的在于反映经济社会发展的最终结果。为避免人为因素的干扰，一般选择具有客观性的指标。

（四）因地制宜原则

对生态文明建设目标的制定，要充分考虑四川省同国民经济、社会、环境资源发展历史和现状，生态文明建设的实际问题，从实际情况出发，提出生态文明建设目标并进行客观评价。

三、基本方法

当前指标体系的研究主要集中于可持续发展研究和省级以下的生态经济建设或生态系统评价方面，其主要的思想在于将这个社会系统划分为几个子系统，再根据相关的统计分析工具进行分析和处理，得出一个综合指数，其不足之处在于没有完全把握“文明”这一范畴的内涵，依据文明建立起来的指标体系涉及的范围应远远大于可持续发展范畴。基于此，将四川生态文明建设研究分为四个系统：经济发展、社会进步、生态活力、生态安全，然后从发展过程和积极成果方面进行评价。

（一）确定生态文明评价的参评指标体系

在评价四川生态文明协调性时，首先应选择好参评指标。指标体系是一个由系统层、子系统层、指标层构成的具有递阶层次结构的指标体系。其中系统层是由四大子系统层构成；子系统再由准则层予以反映；指标层由其体评价指标层予以反映。

（二）确定各评价指标的权重

较常用的确定权重的方法有层次分析法、熵值赋权法等。我们选取较为适当的层次分析法来确定各评价指标的权重。

层次分析法利用某种能对事物做出优越程度差别的相对度量作为评价事物合意度的指标，这个相对度量被称为权重或优先权数。对于某属性而言，它是用两两比较的方式确定事物优越程度的指标，指标值越大，则权重越大，说明优越程度越高；指标值越小，则权重越小，说明优越程度越低。层次分析法适用于具有多层次结构的评价指标体系的综合权重的确定。关键在于用某种简单的方法确定用于区分各比较对象优先程度的一组权重。一般运用两两比较的方法，对比较对象的优越程度进行判断，从而确定每个单一指标的权重。

（三）统一量纲

由于各个指标的经济含义不同，单位也不一样，在计算过程中不可能直接赋值，必须将各个指标进行统一量纲。较好的方法是选择简单而实用的直线型无量纲化方法。对于某个指标，首先收集该指标的实际值，再收集或计算该指标的标准值（一般选取该指标的全国平均水平作为标准值）。

（四）生态文明建设总体分析

该分析建立的理论基础是效益理论与平衡理论。所谓效益理论是指社会效益、经济效益、发展效益、安全效益四个方面必须同步发展，使综合效益最大化。平衡理论是指四种效益保持一种平衡状态，任何一种效益的增加不能以另一种效益的降低为代价。在这种平衡状态下，表现出的是一种复合效益。通常以四种效益之和表示综合效益，四种效益之积表示复合效益。建立模型的目标就是在综合效益最大的基础上，求得最大复合效益。

第二节　四川省生态文明建设评价指标体系的构建

一、评价体系基本框架设计

根据文明的内涵和本质特征，从总体结构上将生态文明评价分为三层（如图 7-1 所示）：目标层由复合系统生态文明建设评价指标构成，从经济发展、环境保护、社会进步三个方面建立评价系统指标体系。

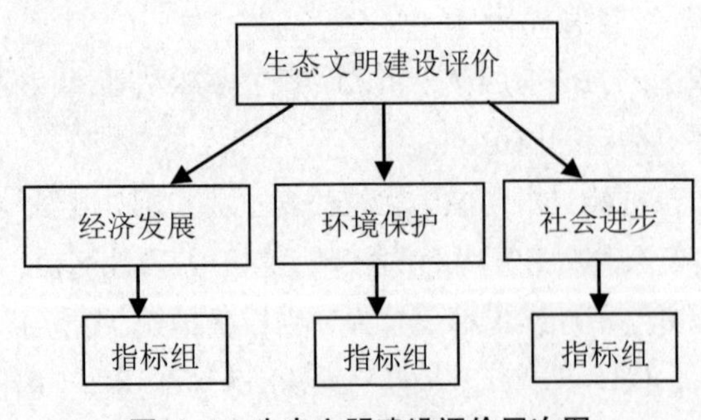

图 7-1　生态文明建设评价层次图

二、具体指标设计与选择

针对上述体系框架，评价的主要指标选取如表 7-1 所示。

表 7-1　四川省生态文明建设评价指标体系

指标序号		二级指标	说明
经济发展	1	人均 GDP（元 / 人）	正指标
	2	第三产业占 GDP 的比重（%）	正指标
	3	农村居民人均纯收入（元）	正指标
	4	城镇居民人均可支配收入（元）	正指标
	5	环保投入占 GDP 的比重（%）	正指标
	6	旅游收入占 GDP 的比重（%）	正指标
	7	单位 GDP 能耗（吨标准煤 / 万元）	负指标
环境保护	8	人均公共绿地面积（平方米）	正指标
	9	森林覆盖率（%）	正指标
	10	建成区绿化覆盖率（%）	正指标
	11	主要河流三级水质达标率（%）	正指标
	12	城镇生活污水处理率（%）	正指标
	13	生活垃圾无害化处理率（%）	正指标
	14	工业固体废物综合利用率（%）	正指标
	15	单位 GDP 二氧化硫排放量（千克 / 万元）	负指标
	16	平均每亩耕地化肥施用量（千克）	正指标
	17	单位种植面积农药使用量（吨 / 千公顷）	负指标
	18	公众对环境保护的满意率（%）	正指标
社会进步	19	恩格尔系教（%）	负指标
	20	城镇化水平（%）	正指标
	21	人口自然增长率（%）	负指标

续 表

指标序号		二级指标	说明
社会进步	22	城镇登记失业率（%）	负指标
	23	每百万人拥有公共图书馆（个）	正指标
	24	国家财政性教育经费占 GDP 的比重（%）	正指标
	25	高等教育毛入学率（%）	正指标
	26	R&D 经费支出占 GDP 的比重（%）	正指标
	27	劳动力平均受教育年限（年）	正指标

表 7-1 中部分指标的说明如下。

①人均 GDP。国内生产总值除以总人口数，该指标是四川省经济发展的重要指标。

②第三产业占 GDP 的比重。其主要指服务业增加值与国内生产总值之比。它是衡量四川省工业化水平和所处的经济发展阶段的重要标志。

③环保投入占 GDP 的比重。其指区域高新技术产业的产值占工业总产值的比例，表明四川省环保投入的规模，反映四川省生态经济结构的质量。

④单位 GDP 能耗。其指单位 GDP 所消耗的能源数量，能够反映四川省能源利用效率及经济发展的可持续性，也是衡量四川省经济增长方式转变的主要依据。

⑤人均公共绿地面积。公共绿地指向公众开放的市级、区级、居住区级各类公园、街旁游园，包括其范围内的水域。其中居住区级公园应不小于 1 万平方米，街旁游园的宽度不小于 8 米，面积不小于 400 平方米。

⑥森林覆盖率。森林覆盖率是指有林地的面积占土地总面积的百分比，森林覆盖率越高，生态平衡状况越好，同时还说明野生动物、植物生活环境越好，人与动物、植物的相处就越和谐。

⑦单位 GDP 二氧化硫排放量。指二氧化硫排放量与 GDP 之比，二氧化硫是造成酸雨的主要原因。此指标是衡量四川省生态安全建设方面的重要指标。

⑧工业固体废物综合利用率。它是指工业固体废物综合利用量占工业固体废物产生量的百分率。

⑨恩格尔系数。它是指城镇（农村）居民的食品消费支出占家庭总收入的比例，联合国粮食及农业组织判定，恩格尔系数在 60% 以上为贫困，50% ～ 60% 为温饱，

40% ～ 50% 为小康，40% 以下为富裕。

⑩单位种植面积农药使用量。它是指农药使用量除以耕地面积。

⑪城镇生活污水处理率。它是指城镇生活污水处理厂处理的生活污水占城市生活污水排放总量的比例。

⑫生活垃圾无害化处理率。生活垃圾分类回收率反映区域生活垃圾资源化程度。生活垃圾无害化处理率反映区域对生活垃圾一次污染的防治程度。

⑬国家财政性教育经费占 GDP 的比重。国家财政性教育经费包括各级财政对教育的拨款、教育费附加、企业办中小学支出以及校办产业减免税等。国家财政性教育经费 GDP（生产法）的比重是衡量一国政府教育投入水平的重要指标。

⑭高等教育毛入学率。即指已入学人数（无论年龄多大）与适龄人口之比，主要用于反映一个国家或地区高等教育的发展现状和比较不同国家的高等教育发展水平。

⑮ R&D 经费支出占 GDP 的比例。它是指一定时期科学研究与试验发展经费支出与 GDP 之比，用于评价区域科技投入水平。

第三节　四川省生态文明建设水平评价

本节以四川省“十二五”期间的相关数据为例展开分析与讨论。

一、四川省生态文明建设情况

在“十二五”时期，四川推进生态省建设，在经济发展、环境保护和社会进步建设维度指标如表 7-2 所示。

表 7-2　四川省生态文明建设情况表

名称		单位	国家生态建设指标值	2010 年		2013 年	
				全国	四川	全国	四川
	人均国内生产总值	元 / 人	≥ 25000	29680.1	21369.66	41908	32454
	农民年人均纯收入	元 / 人	≥ 8000	5919	5140	8895.9	7895.33

续 表

名称		单位	国家生态建设指标值	2010 年		2013 年	
				全国	四川	全国	四川
经济发展	城镇居民年人均可支配收入	元 / 人	≥ 18000	19109	15461	26955.1	22368
	第三产业占GDP比例	%	≥ 40	43	34.6	46.1	35.9
	单位 GDP 能耗	吨标准煤 / 万元	≤ 1.4	1.22	1.284	1.03	1.078
环境保护	森林覆盖率	%	≥ 35	20.36	34.82	21.63	35.22
	主要污染物排放强度（二氧化硫）	千克 / 万元（GDP）	≤ 6.0	5.78	6.58	3.59	3.29
	城镇生活污水处理率	%	≥ 70	76.9	70	87.9	81.9
	城镇生活垃圾无害化处理率	%	100	71.3	85	89.3	94.98
社会进步	城市化水平	%	≥ 50	49.68	40.18	53.73	44.9
	恩格尔系数	%	＜ 40	城镇 35.7 农村 41.1	城镇 39.5 农村 48.3	城镇 35 农村 37.7	城镇 39.6 农村 43.5

资料来源：《四川生态省建设规划》《中国统计年鉴 2011》《中国统计年鉴 2014》。

从 2010 年到 2013 年，四川生态省建设正指标呈上升趋势，在人均国内生产总值、农民年人均纯收入、城镇居民年人均可支配收入、城镇生活污水处理率、城镇生活垃圾无害化处理率等指标增长较快，第三产业占 GDP 比例增幅不大。在负指标中，主要污染物排放强度（二氧化硫）前后变化较大，2013 年四川省低于全国平均水平，单位 GDP 能耗与全国基本持平。总体而言，四川生态省建设质量处于较快增长状态，经济水平持续上升，环境质量和人民生活水平有了显著提高，为今后四川生态省建设奠定了基础。

二、四川省生态文明建设评价

从 2010 年到 2014 年，四川省委省政府高度重视生态省建设，处理经济发展和环境保护的关系，加强森林、湿地、草原生态系统保护与建设，加大水土流失和荒漠化综合治理力度，强化生物多样性保护，构建生态安全战略格局，提升生态环境保护能力，推进生态文明建设等，生态省建设成效比较明显。生态省建设基础得以不断夯实，这些为“十三五”生态文明建设奠定了基础和提供了借鉴。通过表 7-2，我们发现，2013 年四川生态省建设指标在城镇生活垃圾无害化处理率高于全国平均水平外，在经济发展正指标方面，均落后于全国平均水平，第三产业占 GDP 比例差了近 10 个百分点。此外，根据中国统计年鉴数据，部分建设指标与全国相比，四川省的三次产业结构比分布不均，如表 7-3 所示。

表 7-3　2010—2013 年四川省和全国三次产业结构比

年份	全国	四川省
2010	10.2 ∶ 46.8 ∶ 43.0	14.7 ∶ 50.7 ∶ 34.6
2011	10.1 ∶ 46.8 ∶ 43.1	14.2 ∶ 52.4 ∶ 33.4
2012	10.1 ∶ 45.3 ∶ 44.6	13.8 ∶ 52.8 ∶ 33.4
2013	10.0 ∶ 43.9 ∶ 46.1	13.0 ∶ 51.7 ∶ 35.3

运用 2014 年中国统计年鉴数据，将四川与东部地区浙江、福建，与中部地区的江西、湖北，与西部地区的云南、贵州等部分省区进行比较，如表 7-4 所示。

表 7-4　2013 年四川与部分省区部分统计指标比较

省区	第三产业增加值占 GDP 比重（%）	生活垃圾无害化处理率（%）	单位 GDP 主要废气污染物（SO_2、NO_2、烟粉尘）排放量（千克 / 万元）	单位 GDP 废水排放量（吨 / 万元）	节能保护支出占地方财政一般预算支出比重（%）
浙江省	46.1	99.40	4.43	11.16	2.07
福建省	39.1	98.20	4.87	11.91	1.91
江西省	35.1	93.30	10.35	14.45	2.14
湖北省	38.1	85.40	6.37	11.92	2.51

续 表

省区	第三产业增加值占 GDP 比重（%）	生活垃圾无害化处理率（%）	单位 GDP 主要废气污染物（SO_2、NO_2、烟粉尘）排放量（千克 / 万元）	单位 GDP 废水排放量（吨 / 万元）	节能保护支出占地方财政一般预算支出比重（%）
贵州省	46.6	92.20	23.04	11.63	2.16
云南省	41.8	87.60	13.43	13.36	2.57
四川省	35.2	95.00	6.61	11.72	2.57

通过与兄弟省市比较，我们发现四川省第三产业增加值占 GDP 比重非常低，仅高于江西省。在环境友好指标（负指标），四川省比西部云南省、贵州省得分更高，但与东部浙江省、福建省有一定差距。部分指标揭示了四川省生态文明建设的优势和不足。

第八章 “一带一路”倡议下四川省生态文明建设的路径

第一节 四川省生态文明建设的政治路径

以体制机制改革创新为重点，加强生态文明制度体系建设，健全完善生态文明体制、机制、法律法规等，用有力有效的制度来保护生态环境和美好家园，为“美丽四川”建设提供坚实的制度保障。

一、改革生态环境源头保护制度

（一）健全法律机制保障

通过立法，加强生态保护。我国现有的环境法与资源法等法律对环境保护工作以污染防治为主，产业方面偏重于工业，城乡发展水平方面偏重于城市。结合四川省特点，加强生态文明建设相关法规建设，强调既要注重污染治理，也要重视生态保护；既要重视人口密集的城镇区，也要关注生态脆弱的山地区。

加强环境违法惩罚力度。提高环境法律法规标准的强制性，增加企业的违法成本。现实中的环境法律法规标准的强制性依然偏低，环境执法手段偏软，对违法企业的处罚额度过低。特别要加快生态补偿机制建立的步伐，促进资源合理、有序、有效利用。

加快环境教育立法。加快制定环境教育相关法律法规，提高公民的环保理念，保证公众参与及环保诉讼权益的可靠有效性，可以由司法、环境、教育等部门组成调研课题组，推动在基础教育和高等教育领域的环境立法工作。

（二）生态红线制度

建立生态红线保护制度，科学划定生态功能红线、环境质量红线、资源利用红线，对具体红线的底线进行详细的规定。

生态功能红线主要对林地面积、森林面积、湿地面积、治理和恢复植被的沙化土地面积、林业自然保护区、大熊猫栖息地面积、珍稀野生动植物种有效保护率等划定数量、位置等。环境质量红线主要对重要江河湖泊水功能区水质达标率、用水控制总量、出境断面水质稳定在国家三类，城镇（乡）供水水源地水质达标率、城镇（乡）供水水源地水质达标率保持、化学需氧量排放量、氨氮排放量、二氧化硫排放量、氮氧化物排放量等确定具体数量。

资源利用红线主要对能源消耗总量、全省耕地保有量、各项建设用地控制、国土开发强度、用水总量、农业灌溉水有效利用系数、矿产资源开采回采率、矿产资源选矿回收率、矿产资源综合利用率等进行具体规定。

（三）健全完善自然资源资产产权制度及管理制度

对水流、森林、山岭、草原、荒地、湿地等自然生态空间统一确权登记，形成归属清晰、权责明确、监管有效的自然资源资产产权制度；健全自然资源资产管理体制，搭建产权交易平台，制定自然资源资产产权流转、抵押办法；完善自然资源监管制度，严格自然资源用途管制。加强自然资源保护，完善并严格执行重大工程生态影响评价制度。建立和完善严格监管所有污染物排放的环境保护管理制度等。

（四）构建资源环境承载能力监测预警机制

针对森林、土地、饮用水源、矿产、外来物种等，建立资源环境承载能力监测预警机制，主要从资源环境承载能力监测预警体系设计、突发性环境事故预警应急、资源环境承载能力监测预警的科学管理和决策机制等方面进行构建，明确各类资源承载能力监测预警主要内容，规范资源环境承载力能力监测预警指标体系。加强动态监测网络和信息管理系统建设，提高监测预警水平，加快环境监测资源整合，全面提高对突发性环境事故的应急反应能力。

二、创新生态文明过程管理制度

（一）生态补偿制度

建立完善具体的生态补偿机制。针对国家重点生态功能区生态补偿，争取国家重点生态功能区范围扩充，加大财政转移支付力度，生态补偿依据应当参考保护的面积和生态贡献率，对生态保护责任重大的地区增加生态转移支付资金额度。针对森林资源生态补偿，扩大公益林补偿范围，提高公益林补偿标准，补偿额度以所提供生态产品价值为依据；提高退耕还林补助标准，延长补助期限，切实巩固退耕还林成果。明晰生态补偿对象，林农、管理者理应得到合理补偿。针对流域和区域生态补偿，借鉴雅安、成都生态补偿试点经验，积极探索长江流域生态补偿机制，完善支持政策，引导和鼓励受益地区（开发地区）与生态保护地区、长江流域上游与下游通过协商建立横向补偿关系。针对矿产资源生态补偿，建立矿山生态补偿基金，完善矿产资源开发环境治理与生态恢复保证金制度，改革现有矿山企业成本核算方法，将环境治理与生态恢复费用列入矿山企业的生产成本。建立和完善草地、水资源动态补偿机制，建立完善水电、矿产等资源开发的生态补偿制度，创新开展湿地生态补偿试点，有序实现耕地、河湖休养生息。建立跨区域饮用水源保护生态补偿制度。

创新形式多样的生态补偿办法。建立生态补偿转移支付正常增长机制。加大财政转移支付力度，完善纵向生态补偿机制，国家生态功能区向中央财政争取更多支持，省级生态功能区提高补偿标准。加强横向生态补偿顶层制度设计。引导和鼓励开发地区、受益地区与生态保护地区、生态受破坏地区，流域上游与流域下游协商建立横向补偿关系。鼓励横向生态补偿方式多样化，采取资金补助、对口协作、产业转移、人才培训、共建园区等方式，实施多样横向生态补偿。

（二）积极探索市场力量参与生态文明建设的机制

1.探索市场化投入机制

从投资、金融、捐赠等方面入手探索市场化投入机制，鼓励社会资本参与生态文明文明建设。

在投资领域方面，通过制度创新和政策引导，推进生态保护、生态修复、生态产业等领域进一步向市场开放，鼓励民间资本、海外资本、银行、保险等以多种方式深度参与生态旅游、环保产业、生态农业、生态修复等领域的投资。

在金融政策方面，积极扶持节能环保企业上市融资，引导社会资本向这些行业和领域合理地流动，发展风险投资和私募股权基金。鼓励金融机构开发与生态建设和环境保护多种功能相适应的金融产品，探索发行生态环保债券和生态环保彩票，广泛募集社会资金纳入政府专项转移支付合并使用。

在社会捐赠方面，动员和利用民间环保组织，鼓励社会捐赠，建立生态公益基金会，向社会募集更多资金。引进国际经济组织、金融机构、外国政府赠款贷款投资，推进国际资本参与生态补偿项目。

2. 完善生态市场交易机制

进一步加大政策扶持力度，推进碳排放权、节能量和排污权交易试点，加快建立全省节能量、碳排放权交易平台和区域性生态资源交易中心，制定生态资源交易相关制度，建立节能量、碳排放权交易机制，完善排污权交易机制，水权交易机制、科学制定配额，推进交易公开。

针对排污权交易机制。借鉴美国、日本、德国、瑞典等国家在重点工业企业，开展以化学需氧量、二氧化硫为主的排污权交易经验，逐步建立区域内水污染物、二氧化硫等空气污染物排放指标有偿分配机制。在排污总量控制和污染源达标排放的前提下，逐步推行政府管制下的排污权交易，运用市场机制降低治污成本，提高治污效率。加快实施各类排污指标的有偿使用和交易，加强排污权交易的组织机构和监管能力建设。

针对水权交易机制，在建立用水总量制度的基础上，制定科学的水权分配指标。加快水权交易试点建设，在不影响流域整体功能的前提下，鼓励上下游之间探索水资源有偿使用的市场转换机制，逐步使水资源以有价的形态通过市场调节和政府引导得到更加合理的配置和更为有效的保护。

针对节能量、碳排放权交易机制。总结水电、森林碳汇交易经验，借鉴加州碳排放交易的经验，做好企业能耗统计工作，出台节能量交易工作实施方案，制定节能量激励机制，鼓励企业自愿交易。持续推进碳排放权交易试点，加快建立全省节能量、碳排放权交易平台，明确交易内容和交易形式。

（三）完善生态文明交流合作机制

建立跨区域生态保护与环境治理联动机制。依据地理特征、社会经济发展水平、环境污染情况等要素，确定生态保护与环境治理联动区域范围，建立统一规划、统一监测、统一监管、统一评估、统一协调的跨区域生态保护与环境治理联动机制，明确跨区域生态保护与环境治理联动具体内容，提出跨区域联动相应目标。主要加强针对跨区域的饮用水源、颗粒物污染、机动车尾气污染、焚烧秸秆、土地污染等制定针对性的联动措施。同时，推进区域生态保护与环境治理信息共享、突发环保性事件应对、区域内排污权交易等问题提出具体合作机制。

建立四川省与其他省市生态文明交流合作机制、建立省际生态文明建设联席会议制度，实行定期与不定期召开会议，就生态文明建设中重点问题或特定议题进行讨论研究。建立跨流域、跨区域的联防联控制度，包括建立长江上游生态文明联合体。

建立生态环境损害协商赔偿制度。研究生态环境损害事件引入第三方加以技术鉴定的可能性，就环境损害赔偿，建立协商赔偿制度。

（四）健全生态安全应急处置机制

加强生态安全应急大体系建设，构建以地质灾害、生物灾害、森林草原、生态风险、环保群体性事件等为主体的应急方案。在现有生态安全应急处置体系基础上，出台土地重金属污染应急、水污染应急、环保群体性事件应急处置方案，构建以识险、避险、排险为主体的生态风险应急机制以及环境应急机制和地震灾后生态影响评估机制、地震灾后生态环境修复机制，完善公众参与决策办法，搭建与完善社会公众参与生态文明建设的平台，引导和鼓励居民参与决策制定、监督决策实施、评价实施效果。

三、构建生态文明建设考核机制

（一）建立差异化区域生态文明水平评价体系

参照《国家生态文明建设试点示范区指标（试行）》，建立差异化生态文明评价体系，在具体指标及权重方面应体现一定差异。针对重点开发区，经济指标权重应有所增加，重点考察对第三产业比重、循环经济比重、经济生产总值等指标，同时资源能源节约利用指标也要考察；针对限制开发区域，经济指标应增加农产品中无公害、绿色、有机农产品种植面积比例、林业经济、农民人均纯收入、现代农业比重等；针对限制开发区域，取消地区生产总值考核、自然环境指标权重应加大，特别在珍稀野生动植物种有效保护率、森林覆盖率、水质达标率等加大考核；针对禁止开发区域，取消地区生产总值考核，主要考核指标应在生态环境指标权重有所提高，经济指标适当对旅游产业比重、文化产业比重进行考察。在同一开发区内，县区和市级评价体系和乡镇体系也有所差异。部分乡镇只考核生态。

（二）将生态文明建设纳入社会经济发展考核

把资源消耗、环境损害、生态效益等体现生态文明建设状况的指标纳入经济社会发展评价体系；科学设置和合理制定县域经济考核指标体系，将单位地区生产总值能耗下降率、单位工业增加值能耗下降率、主要污染物总量削减、大气污染防治、饮用水源保护、耕地保有量等指标纳入县域经济考核中的生态文明建设重要内容。

四、建立生态文明“政产学研”协同创新平台

四川要推动产业机构转型升级，坚持科技创新与制度创新，构建以企业为主体、在四川重点高校、省科研院所、政府机构等协同参与的“政产学研”平台，该平台突出开放性，鼓励跨校跨界跨学科，针对“美丽四川”生态文明建设的重要领域、核心

问题、关键技术、发展路径，开展相关研究，为解决环境保护和经济发展之间的深层次矛盾提供决策咨询和技术支持。

五、设置乡镇环保机构

借鉴成都经验，在部分地区推广设置乡镇环保机构，将环保职能全面延伸到乡镇一级，乡镇环保机构可持续发展纳入当地财政预算。加强和规范基层环保机构队伍建设，制定相关管理办法。重点展开针对水、气、声、渣以及重金属污染防治等环保工作，着重解决农村面源污染问题，如防治畜禽养殖污染和秸秆禁烧。

建立基层环保机构全新的工作机制和制度，加强乡镇环保机构和区县甚至市级环保部门联动，建立了良性的运行机制。

第二节　四川省生态文明建设的经济路径

一、调整产业结构

产业结构转型以发展循环经济、低碳经济为抓手，提高农业生态化水平、现代服务业比重，推动生态文化产业发展。

（一）发展循环经济

构建循环工业体系。提高资源的综合利用率，建立工业再生资源回收利用体系。推动四川省的钒钛稀土资源、油气化工产业、水泥、钢铁等工业窑炉、高炉实施废物协同处置，通过不断采取改进设计、使用清洁的能源和原料、采用先进的工艺技术与设备、改善管理、综合利用等措施，从源头削减污染，提高资源利用效率，减少或者避免生产、服务和产品使用过程中污染物的产生和排放。要在单个企业实施清洁生产的基础上，有计划地构建循环经济产业链，在具有市场、技术或资源关联的产业（或企业）之间形成链条，实现资源的综合利用。实现工业集聚区（工业园区）层面的循环经济发展。积极推动生态工业园区建设，是清洁生产要求、工业生态学原理和循环经济理念在工业园区层面的集中体现。

构建循环农业体系。在农业领域加快推动资源利用节约化、生产过程清洁化，加快推广节能节水节地节材等农业生产新技术，开发和推广废弃物利用、绿色肥料、生物农药、生态保护型养殖等环保型农业生产新技术，提高农林废弃物资源化利用率，加大对秸秆收集和综合利用的扶持力度。在集约化养殖场和养殖小区以及秸秆资源丰富的地区，建设大中型沼气集中供气工程，可以实现废物资源化利用和环境污染治理的双重目标。推广循环链接技术，打造农田内循环、种养循环、多产业循环的复合型循环农业体系。

构建社会再生资源回收体系。在四川省内加快建设城镇社区和乡村回收站点、分拣中心、集散市场“三位一体”的再生资源回收体系，推进城市生活垃圾分类回收，积极开展“城市矿产”资源化利用，提高废旧家电、报废汽车、废弃电子产品、废纸、废塑料等的回收利用率，初次使用完后再生利用、规模利用和高值利用。

（二）发展低碳经济

调整优化能源消费结构，构建现代能源产业体系。大力发展水电、页岩气等清洁能源、培育新能源产业，促进天然气产量合理增长，加快新能源和可再生能源开发利用，构建安全、稳定、经济、清洁的现代能源产业体系；在做好生态保护和移民安置的前提下积极发展水电，在确保安全的基础上有序发展核电；加快风能、太阳能、地热能、生物质能、煤层气等清洁能源商业化利用，努力提高非化石能源消费总量占一次能源消费比重。

加强发电权、节能量和碳排放权交易，科学合理制定碳交易配额。在原来试点基础上，制定水电、火电补偿标准，利用市场机制实施了水火电发电权交易，调整电力产业结构的关系，实现资源的有效利用。科学合理制定碳交易配额，要有增量指标，也要有减量指标。针对火电、水电、燃煤锅炉制定不同的碳指标配额，防止平均化和一刀切。

发展低碳经济要重点做好碳储存和碳捕获。可以依托四川大学与中国石化集团共同成立的世界首个“CCU（二氧化碳捕集和利用）及 $C0_2$ 矿化利用研究院”、全国首个综合性低碳技术与经济研究中心，以创新低碳技术、规划低碳城市、发展低碳经济、构建低碳生活为目标，研发机动车尾气高效净化等大气污染治理装备，城镇生活污水脱氮除磷深度处理、新型反硝化反应器等水污染治理成套装备，加强新能源研究，特别是核能、太阳能、风能研究，同时加强新能源产业化研究。

重点发展五大高端成长型产业。结合产业发展趋势，紧跟高端方向。针对新能源汽车产业，要推动电池、电机、电控和整车设计制造等全产业链协同发展，形成四川省新能源汽车产业整体竞争优势。发展信息安全产业要结合大数据时代，解决云存储的信息安全问题。抢抓页岩气大规模开发的机遇，加快军民两用的技术转化。发展节能环保装备产业，继续推动实施重点工程，在更大范围、更广领域吸引更多社会资本参与发展节能环保产业，扩大节能环保产品市场。以重大项目为抓手推动高端成长型产业发展。要狠抓项目和企业支撑，落实一批具有战略性、带动性的重大项目，积极创造条件加快推进。要坚持引进、培育并重，既引进世界领先的产业主体和产业链，又大力培育壮大一批高水平本土企业，推动高端成长型产业率先发展。

合理安排布局，发挥产业积聚效应。根据主体功能区划分，按照集中集群集约发展原则，合理布局高端成长型产业和重大项目，统筹抓好生产制造业和现代服务业融合发展，进一步完善产业链条，实现可持续发展。

（三）提高农业生态化水平

发展生态农业。大力加强农业技术创新，提高生物农业的技术优势，调整农业技术路线，组织农业科技攻关，提高农业科技创新能力，为发展生态农业提供技术支撑；提高农产品加工与安全领域的技术，加强农产品质量检测及保障体系建设，为生态农业发展提供安全保障。

推动创意农业和乡村休闲旅游发展。充分挖掘幸福美丽新村乡土文化资源，承担农耕文化传承责任。将乡村文化资源融入乡村旅游发展中，开展传统节庆及民间文化等民俗活动，将传统的农耕逐步引向农业观光、农事体验、特色农庄、农情民舍等附加值高的乡村旅游发展，提升休闲农业和乡村旅游的创意成分，打造一批功能多元、环境优美、景色迷人的美丽田园，创建一批主导产业突出、环境友好、文化浓郁的休闲农业优势产业带和产业群。

（四）提高现代服务业比重

现代服务业是未来经济发展的重要方向，有利于生态文明融入经济建设的重要产业类型。大力发展现代服务业，重点发展电子商务产业、现代物流业、现代金融业、科技服务业、养老服务业五大战略先导型服务业。不断提高服务业比重，强化生产性服务业与制造业的协同，同时要大力发展生活性服务业，营造有利于服务业发展的环境，消除制约生产性服务业发展的体制性障碍，建立宽松的市场准入机制，加大政策扶持的力度，引导社会资金投资现代服务业科技创新，逐步探索有利于服务业加快发展的体制机制和有效途径。

（五）推动生态文化产业发展

充分挖掘熊猫文化、水文化、树文化、竹文化、花文化、园林文化、野生动物文化和湿地文化等生态文化资源，加强生态文化体系理论研究，推进生态文艺创作，打造有特色、有品位、有创意、有市场的生态文化产品和文化精品。制定出台重点生态文化品牌培育扶持政策，充分发挥生态文化品牌对生态文化产业发展的资本聚集、品质提升、消费导向和利润增值等多重效应，打造一批具有地域特色、民族风情的生态文化品牌。

二、健全市场体系

（一）激活市场资源

充分发挥市场在资源配置中的决定性作用。尊重市场经济规律，让市场决定资源配置，大幅度减少政府对资源的直接配置，推动资源配置依据市场规则、市场价格、市场竞争，切实转变经济发展方式，努力实现资源配置效率最优化和效益最大化。

（二）培育市场主体

大力培育市场主体，根据四川省的地势特点，大力发展专门从事合同能源管理和污染第三方治理，通过壮大节能减排的主体，大幅度提高效率和降低成本。提高能源资源使用效率，政府部门主要负责宏观管理，做好资金支持、监督、评价体系构建。

三、加强节能减排

（一）做好重点行业、重点产业节能减排

加强工业、建筑、交通运输、公共机构、商业及民用等领域节能减排，严格用能管理。实施公共机构节能改造示范工程，深入开展节约型公共机构示范单位创建活动。继续加强淘汰落后产能工作，重点解决钢铁、水泥、化工、火电、造纸、印染、电解铝等高消耗、高排放等行业产能过剩问题，落实这些产业准入制度，制定和完善相关行业准入条件和产能过剩界定标准，提高过剩产业的准入门槛，制定这些产业用电用水用气等政策。持续推进火电行业的二氧化硫、烟尘主要污染物总量减排；铁、石化等非电行业的烟气二氧化硫、颗粒物总量减排；控制燃煤工业锅炉烟尘排放，控制水泥行业氮氧化物、粉尘排放，工业炉窑颗粒物总量减排；提高重点行业脱硫、脱硝、除尘技术水平，对工程设备实施升级改造。

（二）进一步挖掘节能减排潜力

加快发展战略型新兴产业，推进服务业发展提速、比重提高、水平提升，进一步做大经济总量，合理控制能耗和污染物排放总量和增量，降低高耗能、高排放产业比重。认真贯彻省政府关于进一步加快发展节能环保产业的实施意见，实施节能、环保、资源循环利用等技术装备产业化工程，推进节能环保产业集聚区建设。积极调整能源结构，大力发展水电、风电、太阳能、生物质能等可再生能源和清洁能源，进一步降低煤炭消费比重。研究制定和实施本地煤炭消费总量控制方案，建立煤炭消费总量控制机制。

（三）开展能效对标和绿色发展

深入推进节能低碳行动，推进重点行业、重点用能单位开展能效对标达标活动，健全企业能源管理体系。深入推进绿色建筑行动，公共建筑全面执行绿色建筑标准，严格执行新建建筑节能强制性标准。深入推进交通运输节能低碳专项行动和绿色循环低碳交通试点。淘汰"黄标车"，全面推行机动车环保标志管理，做好节能和新能源汽车推广工作。继续开展农村沼气工程建设，建设节能减排示范村。

第三节　四川省生态文明建设的社会路径

要在全社会强化环保意识，养成低碳生活方式和消费方式。同时，加强绿色扶贫攻坚，完善扶贫攻坚机制。

一、践行生态消费方式

（一）鼓励绿色消费

1.提倡绿色消费

家庭的生活习惯对每个家庭成员的影响很大，在家庭中提倡节俭和绿色消费有着积极意义。适度节制消费，避免或减少对环境的破坏，崇尚自然和保护生态等为特征的新型消费行为就是绿色消费。以绿色消费推进绿色生产，以绿色生产推动绿色消费，以绿色消费促进生态文明建设。

2.鼓励生产绿色环保产品

出台激励措施，鼓励企业进行生态技术创新，申请强化绿色标志认证，促使企业环境管理更为科学化和规范化，并不断地进行生态技术创新。积极研发绿色环保产品，推进产品绿色设计和绿色制造，鼓励企业使用绿色材料，建立健全绿色产品质量监督体系。严格执行国家关于限制过度包装的强制性标准，鼓励企业使用环保包装材料，促进包装材料的回收利用，减少对能源资源的消费量。开设绿色超市、绿色宾馆等，鼓励商家推行绿色环保消费，形成绿色环保市场。

践行绿色消费就是要求人们在日常生活中节约资源能源，减少污染；遏制铺张浪费，鼓励健康消费、适度消费；优先选择环保产品，自觉进行垃圾分类，鼓励个人和家庭养成资源回收利用习惯，推广社区"跳蚤市场"和"换物超市"，鼓励家庭闲置物品和废旧物品的循环利用。

（二）提倡绿色建筑

大力推广新建绿色建筑，加强既有建筑节能改造，推广可再生能源建筑应用规模。到 2015 年，四川省完成新建绿色建筑 3200 万平方米，城镇新建民用建筑全面实现节能 50% 的目标，有条件的城市或工程项目实现节能 65% 的目标，20% 的城镇新建建筑达到绿色建筑标准要求；力争完成既有居住建筑节能改造 200 万平方米，公共建筑和公共机构办公建筑节能改造 350 万平方米，其中公共机构办公建筑完成节能改造 180 万平方米；完成建筑中推广可再生能源应用面积超过 4000 万平方米。积极推广绿色建筑样本，探索建设适合农村特点的绿色农房。严格执行绿色建筑标准，指导公众选用绿色环保材料和绿色施工方式，减少室内装修污染。

提倡家庭绿色家居，推广使用家庭节水器具和太阳能热水器等节水节能节电节气设备。

（三）选择绿色出行

完善城市交通系统，加强城市步行和自行车交通系统建设，加快发展轨道交通，推进不同公共交通体系之间以及市内公交系统与铁路、高速公路、机场等之间无缝衔接。制定绿色出行的激励机制，大力发展城市公共自行车网络。充分发挥成都公交的优势，鼓励人们外出选乘地铁、公共交通工具，少开私家车。倡导购买小排量、新能源等节能环保型机动车。

（四）推进绿色办公

本着节约、循环、环保的原则利用办公物资，降低办公资源的过量使用和浪费。推广电子政务，使用电子办公系统，减少纸张的使用。日常办公照明灯具应选用节能灯。严格执行室内空调温度设置标准。建立废旧办公用品回收体系，加强废旧用品回收利用率等。推进绿色办公，政府采购是一个重要环节，政府采购优先购买低碳产品，发挥政府办公人员低碳消费中表率作用。

二、实施绿色扶贫开发

将生态文明建设融入芦山地震，加快重大地质灾害工程治理进度，加强监测预警，做好隐患排查和避险搬迁工作，最大限度减少损失。坚持自然修复与人工治理相结合，认真抓好环境治理和污染防治工作，有序推进生态重建。探索建立地方层面的重建政策法规体系，进一步增强重建政策的科学性、操作性和指导性。继续深入实施四大集中连片贫困地区扶贫攻坚行动，推进实施扶贫工程，完善扶贫开发机制。

第四节　四川省生态文明建设的文化路径

生态文明融入文化建设的路径在于加强生态文化建设，要让生态文明进入灵魂，融入血液，必须构建生态文化体系，重视传承和保护生态文化。

一、构建四川特色的生态文化体系

全面梳理青城山—都江堰道教文化、古堰水利文化、熊猫文化、巴蜀文化，以及云台、彭祖山、省级以上自然保护区等与生态文化相关的内容，整理川西北江河源区、川西高山高原区以藏羌文化、康巴文化等少数民族生态文化资源。同时，应深入挖掘四川省在生态文明建设过程中，通过生态科技、生态技术等手段推动创新驱动所体现的生态智慧、生态伦理、生态素养等，也要全面纳入生态文化体系，由此提炼具有四川特色的生态文化内涵，构建四川特色的生态文化体系。

二、重视生态文化的传承和保护

在川西、川东北等生态脆弱区，建立中华生态文化体验区、全国生态文化教育基地、全国生态文化示范区等。各地可以结合当地实际情况，加强生态文化基础设施建设，建设生态科技示范园、湿地公园、生态文化博物馆、环境保护科技馆等，形成了一批具有浓郁地方特色的生态文化工程。以生态文化为载体，举办各种类型的民族文化艺术节、生态文化博览会、展览会等活动。推动生态文化产业园区建设，促进生态文化与旅游、饮食、演艺、影视等其他产业融合，促进生态文化与科技元素融合，通过科技手段传承生态文化。

三、调动多种力量参与生态文化建设

发挥政府、企业、社会团体、家庭组织作用，把握各自着力点，全面推进生态文化建设。

政府高度重视生态文化建设。宣传、教育、文化、新闻广电等各有关部门须相互协同，构建全方位生态教育体系，建立“大宣传”“大教育”联手、联动、长效生态文化教育机制，针对学生、干部、农村居民、城镇居民等不同对象，采用人们喜闻乐见的形式，注重现代科技手段的运用，加强四川生态文化认知教育、环境科学教育、

生态消费观教育，促成社会形成积极向上的生态文明风尚；环境保护、农业、林业、国土资源、水利等部门要通过改革生态环保管理体制，颁布促进环境保护、生态社会、生态产业发展的政策措施，不断开展生态环境建设理论研究工作，实行生态文化社会宣传，履行生态责任，践行生态文化；利用各类媒体传播生态文化，开展环保宣教活动，做好生态环保新技术的推广工作，加强对社会各阶层的生态文化熏陶。

企业切实加强生态文化建设。政府出台金融、财税等扶持政策，鼓励企业投资生态环保产业，生态文化建设同企业的发展、赢利诉求相结合；充分挖掘四川生态文化元素，融合到企业的理念、行为、制度等层面，推进生态文化融入企业文化建设；开展企业家生态教育课程，企业员工生态文化素养教育；树立企业良好的环保形象，营造企业生态文化氛围。

鼓励社会组织参与生态文化建设。发挥城市社区组织作用，可以开展社区生态文化展示活动，社区植树种花活动、社区生态文化建设示范家庭评比等；发挥村民小组在农村生态文化建设中不可替代的基础性作用，配合国家及地方的生态文化主题宣传教育，开展宣传培训，如新农村乡风文明宣传，生产、生活无害化处理与定点处理、垃圾秸秆处理专题讲座等，培养农民的生态行为习惯，改变随地乱扔垃圾、焚烧秸秆等生态失范行为；发挥民间组织、志愿者的作用，积极参与生态文化宣传教育，开展生态文明行为示范活动，引导参与生态文化其他建设。

发挥家庭生态文化教育作用。培养生态文明良好家风，家长以身作则，有意识地把符合当代生态理念的家风传承下去；多让孩子接触有关生态文明传播的作品。

第五节 四川省生态文明建设的生态路径

生态文明建设要求实现人与自然的和谐相处，人类活动不能超越生态环境的承载力，在人类文明发展过程中，我们不但要尊重经济社会发展规律，更要尊重自然规律，实现人与自然的良性互动，实现可持续发展。

一、加强环境友好建设

坚持预防为主、综合治理原则，从事后治理向事前预防转变，从源头防治污染，加快生态环境保护和修复，不断改善生态环境质量。

一要保护修复生态。按照主体功能区域，做好分类管理，在自然保护区、水源涵养区等需要保护的区域要限制开发，实施强制性保护措施。在生态脆弱区域要禁止开发，加强自然生态修复。按照谁开发谁保护、谁受益谁补偿的原则，建立生态补偿机制。二要加强污染治理。加大长江、岷江、嘉陵江等重点流域，钢铁、电力、有色、化工等重点行业，农村面源污染，医疗废物、危险废物的污染综合治理力度，严格落实主要污染物总量减排政策。加强城市污水、垃圾处理设施建设，提高处理效率。推行排污权交易、绿色信贷、绿色保险、流域断面水质未达标资金扣缴制度等工作机制试点。三要防范环境事件。做好日常生态环境检查，开展环境专项整治活动，从源头上防范环境事件的发生。

二、积极应对气候变化

坚持气候问题减缓与并重的原则，探索温室气体低排放的发展模式，增强控制温室气体排放和适应气候变化能力。

一是优化能源结构。推广使用低碳或无碳等绿色、可再生能源，鼓励和支持使用节能环保技术。大幅度减少使用高碳能源比例，淘汰落后产能和产品，不断提高资源综合利用效率。二是发展低碳经济。通过价格税收杠杆，推进探索低能源消耗、低污染排放、低温室气体排放的经济模式，加强低碳技术和产品研发应用，创新低碳消费方式，推进低碳城市、社区、建筑、交通建设。三是扩大绿色空间。继续推进植树造林、退耕还林、退牧还草，扩大森林、草原覆盖面积比例。积极开展碳汇试点，发展碳汇林业、碳汇耕种、碳汇养殖，不仅保护了生态，还能在一定程度上增加收入。

三、实施防灾减灾战略

加强防灾减灾综合体系建设，全面提高抵御自然灾害和环境危机的能力，切实保障群众生命财产安全。

一是加强能力建设。完善风险评估、信息管理、监测预警机制和应急预案，培养训练有素的应急救援队伍，建设有效的应急避难场所，健全救灾物资储备设施，强化防灾减灾科技支撑，全面提高防灾减灾能力。二是做好避险搬迁。对生态脆弱、容易导致自然灾害、引发环境危机区域的群众要采取生态移民或避险搬迁的方式，有序组织他们撤离到自然条件和社会条件较好的区域从事生产生活，但必须尊重群众意愿和风俗习惯，并做好相关补偿工作。三是整合社会力量。大力开展危机教育，普及防灾减灾科普知识，提高群众防灾减灾意识和自救能力，使防灾减灾成为人民群众的自觉行动，从而扩大社会力量的参与，形成高效有序的联动体系。

参考文献

[1] 刘湲，赵淑妮．中国特色社会主义生态文明建设理论体系探析 [J]. 西安建筑科技大学学报（社会科学版），2015(03)：81-87.

[2] 人民论坛与青海省委党校联合课题组，陶建群，武伟生，马洪波，王志远．建设生态文明的“青海实践”[J]. 人民论坛，2014(36)：70-73.

[3] 何克东，邓玲．我国生态文明建设的实践困境与实施路径 [J]. 四川师范大学学报（社会科学版），2013(06)：101-105.

[4] 郭琳．昆山市生态文明建设的实践和思考 [J]. 污染防治技术，2013，26(05)：101-103.

[5] 陈洪波，潘家华．我国生态文明建设理论与实践 [J]. 决策与信息，2013(10)：8-10.

[6] 孙春兰．坚持科学发展 建设生态文明——福建生态省建设的探索与实践 [J]. 求是，2012(18)：17-19.

[7] 张庆彩，吴椒军，李莉．中国生态文明建设的理论与实践 [J]. 未来与发展，2011(10)：2-5.

[8] 李春秋，王彩霞．论生态文明建设的理论基础 [J]. 南京林业大学学报（人文社会科学版），2008(03)：7-12.

[9] 阎庆．中国特色社会主义生态文明建设及其理论基础的探究 [D]. 合肥：中国科学技术大学，2015.

[10] 范颖．中国特色生态文明建设研究 [D]. 武汉：武汉大学，2011.

[11] 仲辉．生态文明建设的理论与实践研究 [D]. 哈尔滨：东北林业大学，2009.

[12] 刘慧．以生态文明理念推进荒漠化治理 [N]. 经济日报，2017-11-23(01).

[13] 环宣．将绿色发展理念嵌入“一带一路”建设实践 [N]. 中国矿业报，2017-05-24(03).

[14] 张修玉．推进绿色“一带一路”建设走向世界 [N]. 中国环境报，2017-05-16(03).

[15] 郭薇，刘晓星，童克难，等. 建设生态文明 促进全球可持续发展 [N]. 中国环境报，2016-12-08(03).
[16] 刘济明. 生态文明的贵州实践 [N]. 贵州日报，2016-06-30(10).
[17] 刘贺青."一带一路"建设要有绿色支撑 [N]. 中国环境报，2015-12-18(02).
[18] 陈宗兴. 倡导生态文明 推进绿色发展 [N]. 科技日报，2015-12-13(02).
[19] 弗雷德・克虏伯."一带一路"传递生态理念 [N]. 人民日报，2015-06-12(05).
[20] 刘裕国. 四川主动融入"一带一路"建设 [N]. 人民日报，2015-05-15(01).
[21] 吴垠，周希桐. 生态文明建设的四川特色和风格 [N]. 四川日报，2013-04-17(07).

责任编辑：刘子阳

封面设计：优盛文化

"一带一路"倡议下

生态文明建设的探索与实践

ISBN 978-7-5639-6496-3

定价：59.80元